U0101214

WONDERFUL BENCAO WORLD

奇妙的本草世界

——二十四节气本草百科

李 梅 黄泽豪 编著　出 离 李小东 朱 艳 绘

一场穿越时空的本草文化交流
一次探索节气本草的博物之旅

海峡出版发行集团 THE STRAITS PUBLISHING & DISTRIBUTING GROUP | 福建科学技术出版社 FUJIAN SCIENCE & TECHNOLOGY PUBLISHING HOUSE

图书在版编目（CIP）数据

奇妙的本草世界：二十四节气本草百科 / 李梅，黄泽豪编著；出离，李小东，朱艳绘. —福州：福建科学技术出版社，2022.10

ISBN 978-7-5335-6781-1

Ⅰ. ①奇… Ⅱ. ①李… ②黄… ③出… ④李… ⑤朱… Ⅲ. ①二十四节气－普及读物 ②本草－普及读物 Ⅳ. ①P462-49 ② R281-49

中国版本图书馆CIP数据核字（2022）第121550号

书　　名　奇妙的本草世界——二十四节气本草百科
编　　著　李梅　黄泽豪
绘　　者　出离　李小东　朱艳
出版发行　福建科学技术出版社
社　　址　福州市东水路76号（邮编350001）
网　　址　www.fjstp.com
经　　销　福建新华发行（集团）有限责任公司
印　　刷　中华商务联合印刷（广东）有限公司
开　　本　635毫米×965毫米　1/8
印　　张　9
图　　文　72码
插　　页　4
版　　次　2022年10月第1版
印　　次　2022年10月第1次印刷
书　　号　ISBN 978-7-5335-6781-1
定　　价　88.00元

书中如有印装质量问题，可直接向本社调换

这本奇妙而有趣的书属于：

____

作者简介

观赏园艺博士、高级实验师。江苏省中国科学院植物研究所（南京中山植物园）园艺科普中心副主任。中国科普作家协会会员、江苏省科普作家协会常务理事、南京科普作家协会副理事长、南京科普教育基地应用协会副理事长，全国观赏园艺学科首席科学传播专家、第四批及第六批江苏省首席科技传播专家，江苏省专家科普演讲团成员、中国科学院南京分院科学巡讲团成员。

多次主持南京中山植物园与国际组织在科普领域的合作项目。作为第一作者（或主要作者）出版科普图书 23 种，参与编写图书 20 种；发表科普文章 330 篇；开展科普讲座170余场。荣获中国科普作家协会"有突出贡献的科普作家"、"梁希科普人物"、江苏省科技服务业"百优"人才、江苏省"2020 年度科普人物"、"苏州科普大使"等称号。主编或参编的科普图书获国家级、华东地区及省级的图书奖多项。

博士，毕业于复旦大学。福建中医药大学药学院教授、硕士研究生导师。主讲中药鉴定学、本草学、中国古典文学作品中的药用植物鉴赏等课程。中国药学会药学史专业委员会委员、中国民族医药学会科普分会理事、福建省植物学会副理事长、福建省中药与天然药物专业委员会委员等。主要从事中药品种鉴定、资源调查、本草文献考证等方面的教学、科研工作，业余时间也从事中医药科普写作、本草文化传播等。

绘者简介

原名吴秀珍，自然插画师，浙江自然博物院安吉馆区生态馆及建德博物馆特约科学绘画师。长期为中国国家地理及博物杂志供图，圭亚那"2019 世界月季洲际大会"邮票特邀画家，多次参加博物画展，部分画作被多家机构及个人收藏，曾获得 2019 年中国北京世界园艺博览会手绘月季竞赛金奖。曾参与立体书《昆虫记》《岁时姑苏 悦读草木》《撷芳 植物学家手绘观花笔记》《遗世独立 珍稀濒危植物手绘观察笔记》《弱者的逆袭》《撼动世界史的植物》《原来乔木这么美》等博物类书籍的绘制。现致力于自然类题材的插图和绘本创作。

自然插画师，昆虫爱好者、观鸟爱好者。曾获得首届中国国家地理自然影像大赛手绘组银奖，多次参加国内博物画展，为多本自然类图书创作插画，曾担任自然教育机构的自然笔记老师。现致力于自然类绘本和博物类题材插图创作。

小学美术教师，四川省达州市美术家协会会员，毕业于四川文理学院美术学专业，有多年高中美术联考教学经验，现任职于宣汉县三墩土家族乡中心校。2020—2021 年曾多次参加杭州绘遇见美学工作室与杭州米娅文化公益联展，《柿柿如意》《海豚》等多幅作品被收藏；2021 年荣获达州市青少年书画大展赛"优秀指导教师"称号；2022 年作品《暗香》系列组画入选达州市首届水彩水粉展。现致力于水果、美食、花卉等题材的水彩写实绘画。

序

植物是人类赖以生存的物质基础之一，与我们的生活和社会文化息息相关，具有食用、药用、观赏、材用、环保等诸多功用，其中，植物的药用价值尤为重要。许多植物，如本书中介绍的忍冬、栀子、荷花、桔梗、银杏、菊花等，兼有食用、药用功效，即所谓“药食同源”。而有些观赏植物，最初却以其药用功效为人所知。比如我国传统名卉“花王”牡丹，最初即作为药用植物收载于汉代本草典籍，约从南北朝开始，方作为观赏植物栽培。“本草”是中国传统药物的统称，大部分是植物药。

本草在我国有着悠久的应用历史。古代“神农尝百草”的神话传说，就反映了我们的祖先在远古时代对本草的识别与应用。3000多年前的《诗经》就有对艾、甘草、车前子、益母草、木瓜、芍药等的记述。汉代的《神农本草经》，作为我国现存最早的本草著作，收载本草365种，主要介绍本草的主治与功效。明代李时珍的《本草纲目》，被誉为“中国古代的百科全书”，收载本草1892种，囊括医学、生物学、化学、人文等多学科知识，堪称“博物之书”。2014年出版的《全国中草药汇编》（第三版）收载的本草达到3800多种。在漫长的历史长河中，本草作为中医药的重要组成部分，为维护我国人民健康、促进中华民族的繁衍昌盛做出了重要贡献。

二十四节气准确反映了自然节律的变化，可用于指导农耕生产，还蕴含着丰富的文化内涵，具有悠久的历史积淀。奇妙的是，二十四节气都与一些特定植物（景观）及其习俗相关联，比如春分的桃花“万枝丹彩灼春融”，小暑的“映日荷花别样红”，白露的“冷露无声湿桂花”，大雪的枇杷“雪中开花来远馨”。此外，清明时节折柳、戴柳、插柳在古代一度十分流行；“谷雨三朝看牡丹”的传统已沿袭上千年；在芒种前后的端午节，南北各地皆有蒲艾簪门的习俗。

本书以二十四节气为线索，列举迎春花、玉兰、垂柳、荷花、菊花、梅等24种本草，呈现本草与二十四节气、民俗及中华优秀传统文化之间的特别关联，引导读者感受本草世界的美妙与神奇，传播中华优秀传统文化。

李　梅

2022年5月

给读者的话

二十四节气，是中国古人通过长期观察、记录太阳的周年运动轨迹，总结日月星辰、风雷雨雪等的运行规律，从而形成的一套关于气候、物候的完善知识体系。它用于指导农耕生活，且与饮食、医药、节庆等的民俗活动密切相关。它蕴含着丰富的文化内涵，具有厚重的历史积淀，准确地反映了自然节律变化，彰显出人与自然和谐相处的智慧，在人们日常生活中发挥着极为重要的作用，是中华民族悠久历史文化的重要组成部分，也是人类文化多样性的生动见证，被列入联合国教科文组织人类非物质文化遗产代表作名录。

在不同的节气里，自然界呈现的是不同的面貌，担任主角的是应季而生的时令本草。“本草”一词原有多种含义，其中最早的一个含义是指用于治病的药物，因其多数来自草本植物，故名“本草”。数千年来，本草经过了一代又一代人的传承与创新，已然成了为人类有效抗击疟疾、冠状病毒等做出伟大贡献的传统中医药体系的重要部分。

在打开《奇妙的本草世界——二十四节气本草百科》之前，我想先和读者朋友们分享我的一小段经历。我出生在一个偏僻的小山村，小时候见过田野里的草木挺多，但能见到的课外读物极少。最常接触到的书本，大概就是每学期开学发下来的新课本了。拿到新课本，我不仅急于欣赏封面上那有趣的图画，而且迫不及待地想读完里边的每一篇课文。直到有一天，我到父亲工作的诊所去玩，发现他有一本红色封皮的草药小书，书上画有许多我在田野里见过却又不知道名字的草木。这本小书为我打开了一个全新的世界，原来田野里那些不起眼的草木，都有着十分有趣的名字，甚至还有治疗疾病的功效。因此，这本小书成为我童年印象最为深刻的读物，也为我的植物研究生涯埋下伏笔。长大后，我逐步了解了“本草”这一专业领域，后来辗转到了福建中医药大学工作，专门教学生“识草辨药”方面的课程。这么多年来，之所以能乐此不疲，我觉得应该归因于奇妙的本草世界总是充满着无穷的趣味吧！

本草蕴含着奇妙而专业的医药知识，我们应该如何走近它呢？我国古代伟大的教育家孔子曾经说：“知之者不如好之者，好之者不如乐之者。”所以，我们一起做个“乐之者”，用心去感受春风秋雨带来的节气变化，去感悟本草与我们日常生活的密切关联，去品味诗文中描绘本草的唯美画面，去体验进入本草世界所带来的无穷乐趣……

这本书收集了二十四节气的代表本草，以趣味绘图的方式，展现了本草栩栩如生的形态特征，勾勒了我们生活中本草出现的场景，讲述了本草在中医药、典故传说方面的文化知识。本草无处不在，无时不有。希望以本书为引，启发读者朋友们去探索、去观察、去欣赏、去思考这个就在我们身边的奇妙的本草世界，并从中感受本草所带来的乐趣！

黄泽豪

2022年5月

目录

CONTENTS

二十四节气和七十二候时间表

二十四节气歌

春雨惊春清谷天，夏满芒夏暑相连。

秋处露秋寒霜降，冬雪雪冬小大寒。

每月两节不变更，最多相差一两天。

上半年来六廿一，下半年是八廿三。

春

立春 公历2月3～5日之间交节

一候，东风解冻

二候，蛰虫始振

三候，鱼陟负冰

雨水 公历2月18～20日之间交节

一候，獭（tǎ）祭鱼

二候，雁北归

三候，草木萌动

惊蛰 公历3月5～6日之间交节

一候，桃始华

二候，仓庚鸣

三候，鹰化为鸠

春分 公历3月20～21日之间交节

一候，玄鸟至

二候，雷乃发声

三候，始电

清明 公历4月4～6日之间交节

一候，桐始华

二候，田鼠化为鴽（rú）

三候，虹始见

谷雨 公历4月19～21日之间交节

一候，萍始生

二候，鸣鸠拂其羽

三候，戴胜降于桑

立夏 公历5月5～6日之间交节

一候，蝼蝈鸣

二候，蚯蚓出

三候，王瓜生

小满 公历5月20～22日之间交节

一候，苦菜秀

二候，靡草死

三候，麦秋至

芒种 公历6月5～7日之间交节

一候，螳螂生

二候，鵙（jú）始鸣

三候，反舌无声

夏至 公历6月21～22日之间交节

一候，鹿角解

二候，蜩始鸣

三候，半夏生

小暑 公历7月6～8日之间交节

一候，温风至

二候，蟋蟀居壁

三候，鹰始挚（zhì）

大暑 公历7月22～24日之间交节

一候，腐草为萤

二候，土润溽（rù）暑

三候，大雨行时

秋

立秋 公历8月7～9日之间交节

一候，凉风至

二候，白露降

三候，寒蝉鸣

处暑 公历8月22～24日之间交节

一候，鹰乃祭鸟

二候，天地始肃

三候，禾乃登

白露 公历9月7～9日之间交节

一候，鸿雁来

二候，玄鸟归

三候，群鸟养羞

秋分 公历9月22～24日之间交节

一候，雷始收声

二候，蛰虫坯户

三候，水始涸

寒露 公历10月7～9日之间交节

一候，鸿雁来宾

二候，雀入大水为蛤

三候，菊有黄华

霜降 公历10月22～24日之间交节

一候，豺乃祭兽

二候，草木黄落

三候，蛰虫咸俯

冬

立冬 公历 11 月 7 ~ 8 日之间交节

一候，水始冰

二候，地始冻

三候，雉入大水为蜃（shèn）

小雪 公历 11 月 22 ~ 23 日之间交节

一候，虹藏不见

二候，天气上升地气下降

三候，闭塞而成冬

大雪 公历 12 月 6 ~ 8 日之间交节

一候，鹖鴠（dàn）不鸣

二候，虎始交

三候，荔挺出

冬至 公历 12 月 21 ~ 23 日之间交节

一候，蚯蚓结

二候，麋角解

三候，水泉动

小寒 公历 1 月 5 ~ 7 日之间交节

一候，雁北乡

二候，鹊始巢

三候，雉始雊

大寒 公历 1 月 19 ~ 21 日之间交节

一候，鸡乳

二候，征鸟厉疾

三候，水泽腹坚

迎春花 · 立春

迎春花名的传说

很久以前，花神问百花："谁愿意在冬末春初之时踏冰雪、冒严寒到人间去，向人们预告春天的来临？"百花因为畏惧都默不作声，只有一位穿着鹅黄裙子的小姑娘自告奋勇，挺身而出。深受感动的花神送了她一个动听的名字——迎春。

不知迎得几多春

生活型：落叶灌木。

生　境：山坡灌丛中。

物候期：花期 2 ~ 3 月。

立春，为春季开始之节气。农人开始春耕，民间亦有"打春牛""咬春"等迎春风俗。花色金黄、身躯娇小的迎春花迫不及待地在枝头陆续开放，仿佛举着一支支玲珑的黄色小喇叭，奏响了欢快的春之圆舞曲，满怀欣喜地迎接春天的来临。迎春花是开放最早的春花之一，明代高濂在《草花谱》中说："春首开花，故名。"因为茎为方形，上端纤细而延长，舒展如带，所以迎春又有"金腰带"的有趣别名。

迎春花原产于我国，栽培历史超过 1000 年，唐代就出现了吟咏它的诗句，如白居易的"金英翠萼带春寒，黄色花中有几般"。自古以来，文人墨客都不吝笔墨，描述迎春花的可爱形象。明代王象晋在《二如亭群芳谱》中夸她"最先点缀春色"。而宋代韩琦更以"迎得春来非自足，百花千卉共芬芳"的诗句盛赞其早春开于百花之先却不独占春光的品格和风骨。迎春花也被誉为"春天的使者"，是欣欣向荣、美好幸福的象征，与梅花、水仙花、山茶花合称为"雪中四友"。

立春吃春卷的习俗称为"咬春"

叶对生于枝节间，小叶3枚，形似小椒叶，但无锯齿

应用价值

迎春花在我国自古为新春嘉卉。它金花照眼、翠蔓临风，适宜培植于池边、溪畔、石缝、亭前阶旁等处，也是盆栽、盆景良材。

迎春花不仅观赏价值高，其花、叶、根还有很好的药用价值。据《本草纲目》记载，其花有清热解毒、活血消肿的功效，可治疗咽喉肿痛、小便热痛。

花可以食用，清代陈淏子在《花镜》中提到，迎春花的花朵可以用糖腌渍，也可以用沸水焯，然后加上麻油、盐等调料凉拌后食用。

金钟花

相似植物

同科常见的植物有连翘、金钟花等，皆于早春先于叶开花，且花为黄色，许多人误将它们与迎春花混为一谈。连翘与金钟花极为相似，花瓣同为 4 枚，而迎春花的花瓣则为 6 枚。连翘枝条开展，拱形下垂，节间中空，迎春花与金钟花枝条节间均有片状髓。金钟花 1 ~ 3 朵生于叶腋，而迎春花为单花生于叶腋。金钟花的花瓣狭椭圆形、深黄色、翻卷，而迎春花的花瓣较为平展。连翘成熟果实为常用中药，具清热解毒、消结排脓之功，金钟花的果壳与其疗效相近。

连翘

玉兰 · 雨水

粉腻香温玉斫姿

生活型：落叶乔木。

生　境：海拔500～1000米的林中。

物候期：花期2～3月。

小贴士

玉兰花米粥的做法：将大米、小米、江米、莲子一同煮粥，熟后放入洗净的玉兰鲜花瓣，食用时加点白砂糖。

玉兰花香的秘密

玉兰花色雪白如玉，花形像一只只杯盏，莹润皎洁；每当风儿拂过枝头，盛开的花朵又像一群振翅的白鸽，活泼灵动，四溢的芳香令人心旷神怡。玉兰花的香气来自花瓣薄壁组织中油细胞分泌出的带有香气的芳香油，这些芳香油挥发到空气中，飘入鼻子里，我们就闻到花香了。玉兰花的芳香油还有治疗鼻塞、鼻炎的作用，常被提取配制成香精或浸膏。

文化典故

玉兰古名木兰，木指其为木本植物，兰指其花香。根据南朝梁国任昉《述异记》的记载，玉兰树还可用于建造宫殿和船只，故历代文人多用“兰舟”指代小船，如柳永的诗句“留恋处，兰舟催发”及李清照的诗句“独上兰舟”皆用此意象。明代王象晋在《二如亭群芳谱》中说：“玉兰花九瓣，色白微碧，香味似兰，故名。”此外，它还有玉树的美称，是高雅、纯洁的化身。

“玉堂富贵，竹报平安”八字中蕴含了中国园林中必须种植的八种花木，即玉兰、海棠、牡丹、桂花、翠竹、芭蕉、梅花、兰花。玉兰排名第一，可见地位不凡。清代皇室格外重视以玉兰布置庭园。相传，乾隆皇帝为庆其母后寿诞，在清漪园（颐和园前身）栽植了大片玉兰及紫玉兰，花开时节，有“玉香海”之称。1860年英法联军占领北京清漪园后肆意破坏，乐寿堂前现存一株白玉兰，它是当时的“劫后余生”者，至今仍枝繁叶茂。

典籍说本草

木兰未绽放的花蕾是传统良药，药名为“辛夷”，其因形、味而得名，《本草纲目》载：“夷者，荑也，其苞初生如荑，而味辛也。”荑本意指植物初生的嫩芽，也引申为女子柔嫩洁白的手。《神农本草经》载长期服用辛夷可以使身体轻健、眼目清明，益寿延年。《本草纲目拾遗》称辛夷具有化痰作用，能补肺气，用蜜浸渍后效果特别好。

李时珍曰：“辛夷之辛温，走气而入肺，能助胃中清阳上行通于天，所以能温中，治头面目鼻之病。”说的是辛夷可以使人呼吸通畅，常用于治疗鼻塞，急、慢性鼻窦炎，过敏性鼻炎等头面目鼻疾病。

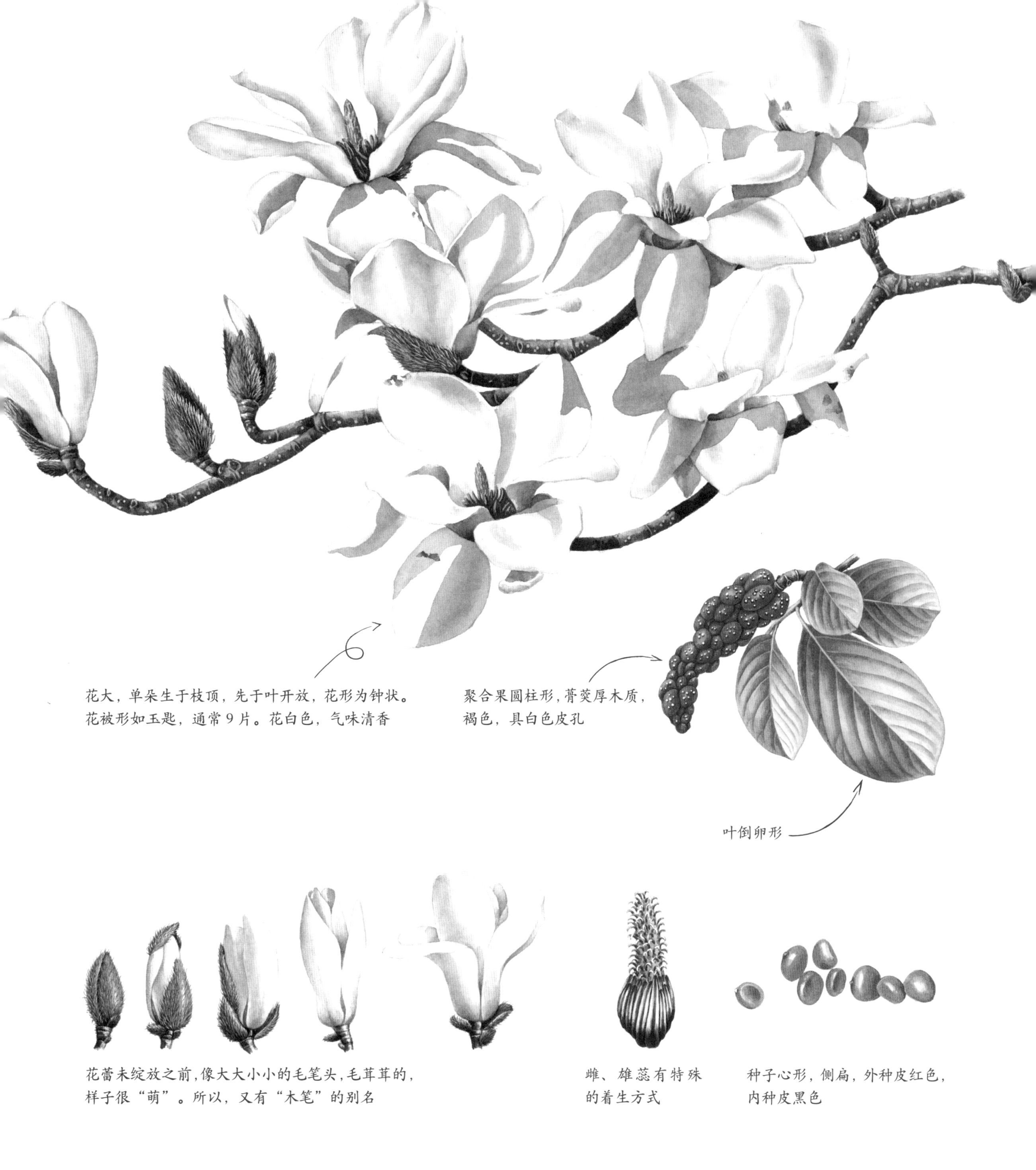

时值雨水节气，冬去春来，气温开始回升，冰雪消融，降水增多，草木也逐渐萌动。但初春的天气冷暖无常、变化不定，正所谓“乍暖还寒时候，最难将息”。这时，玉兰的花却渐渐开了。玉兰，又叫白玉兰、望春花，为我国特有植物，栽培历史达2500年，其寿命极长，可活上百岁。

杏 · 惊蛰

一树春风属杏花

生活型：落叶乔木。

生　境：全国各地均有栽培，少数地区逸为野生。

物候期：花期3～4月，果期6～7月。

诗话本草

释志南《绝句》载：“沾衣欲湿杏花雨，吹面不寒杨柳风。”意思是说，杏花时节的蒙蒙细雨仿佛故意要沾湿人的衣裳，拂面的微风已让人感觉不到寒意，嫩绿的柳条随风轻扬，格外欢畅。

相似植物

贾思勰《齐民要术》载：“梅花早而白，杏花晚而红。”

花单生，先叶开放，白色或带红色

小贴士

杏仁一次不可多吃，因此民间有“桃养人，杏伤人”之说。《食经》载：“不可多食，生痈疖，伤筋骨。”孕产妇和婴幼儿不宜食用。苦杏仁有毒，不宜生食。

杏林春暖的故事

相传东汉时名医董奉治病从不收钱，只让病人愈后植杏树以代酬金。病症轻者种1株，重者种5株，数年后，杏树已蔚然成林。当满山杏树结出果实后，董奉又贴出告示，可以用一盆米换一盆杏，米直接倒进米缸就行，他的米缸也总是满的，后来他又用这些米去赈济贫苦的人。“杏林”一词因此用来赞颂医生医术高超、医德高尚。

应用价值

杏为我国著名观赏树木。可植于庭前墙隅、道路旁或水边，也可群植、丛植于山坡、水际，还可作为沙荒及荒山造林树种。

杏是名花，亦为佳果。《黄帝内经》中所提“五果为助”，杏即为五果之一。杏生食酸甜可口，能润肺定喘、生津止渴，还可加工成杏脯、杏干、杏酱等美食。杏的果、种仁、叶、树皮、树根均可药用，其中，苦杏仁更是一味良药，其味苦，性微温，有祛痰止咳、平喘、润肠通便的功效。《本草纲目》说吃杏仁可以润泽皮肤毛发，据说杨贵妃所用的驻颜秘方就以杏仁为主药。

甜杏仁是一种美味干果，可制成杏仁糕、杏仁茶等食品。杏仁茶古名杏酪，班固的《汉书》上已有教人们煮杏酪的记述，北魏贾思勰在《齐民要术》中还详细介绍了煮杏酪粥的方法，杏仁茶至今仍为北京的著名小吃。杏仁还可榨油，油色透明，清香可口，是上佳的食用油，也是高级润滑油和化工原料。

杏仁

杏干

惊蛰来临，春雷惊醒了冬眠中的动物。在江南，梅花已瓣落香消，杏花却开得格外灿烂，所谓“落梅香断无消息，一树春风属杏花”。叶绍翁“春色满园关不住，一枝红杏出墙来”的佳句，则让红杏成了撩人春色的化身。

在我国，杏的栽培历史已超过 2500 年。春秋时管仲所著《管子》一书中即有“五沃之土，其木宜杏”的记载，说的是土质肥沃的上等土壤中适合栽杏树。杏在当时已成为庭园树木，广为种植，尤以华北、西北和华东地区种植较多。

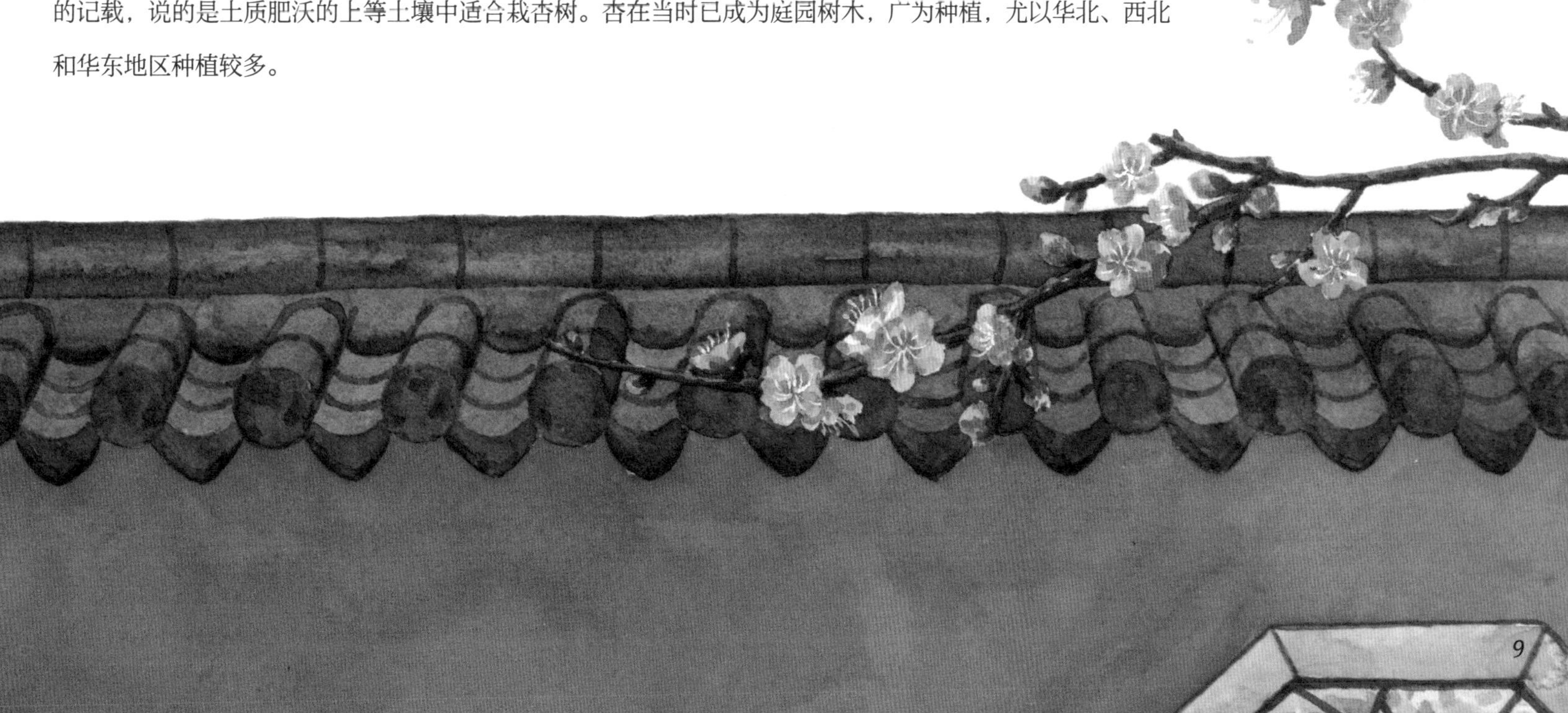

桃 · 春分

桃花灼灼笑春风

生活型：落叶乔木。

生　境：全国各地广泛栽培。

物候期：花期3～4月，果成熟期因品种而异，常8～9月。

桃花 · 佳人 · 思念

“去年今日此门中，人面桃花相映红。人面不知何处去，桃花依旧笑春风。”诗作者崔护在某年清明出游南郊，偶遇一位面若桃花的可爱女子，可待到来年诗人故地重游时却不见佳人，只能遗憾地将思念化成诗句题于当初相遇之处。

本草文化

桃李多用来比喻优秀的人才和学生。“桃李满园”“桃李芬芳”“桃李满天下”常用来比喻所栽培的后辈或所教的学生很多。

典故传说

晋代陶渊明曾在《桃花源记》里描述了一个芳草鲜美、落英缤纷、人们怡然自乐的世外桃源。后世便用“桃花源”来指生活安定而环境幽美之地或避世隐居之所。古时，我国民间认为桃木为西方之精木，能“压邪气”，因此在辞旧迎新之时有挂桃符祈福避祸的习俗。

春分这天，阳光直照赤道，昼夜几乎等长。春天过了一半，气温较快回升，越冬作物进入春季生长阶段，农忙即将开始，所谓“九九加一九，耕牛遍地走”，人们踏青、放风筝、立蛋、吃春菜，尽享大好春光。此时的桃花正是“满树和娇烂漫红，万枝丹彩灼春融”，其浓丽娇艳足可“融化”春天万物。

我国是桃的故乡，已有3000多年的种桃历史，《诗经·周南·桃夭》中即有“桃之夭夭，灼灼其华”之句。汉武帝时，张骞出使西域，将原产于我国的桃带到波斯和印度，然后又传到希腊、意大利，以及其他欧洲国家。现如今，桃的品种已十分丰富，全球有3000多种。

桃花酥

核果近球形

应用价值

桃的果仁、果肉、叶、花、枝、根及桃胶等均可入药，但以桃仁入药为主。桃仁味苦、甘，性平，具有活血祛瘀、润肠通便、止咳平喘的功效。《本草纲目》对桃仁的功效及用法有详细的记载，桃仁行血，宜连皮、尖生用；润燥活血，宜汤浸去皮、尖，炒黄用。

桃胶　　桃核

桃果肉鲜甜甘美、营养丰富，被唐代孙思邈称为“天下第一果”，除鲜食外，还可制成果脯食用，但《本草纲目》说：“多食令人有热。”桃花入馔（zhuàn，饭食之意）由来已久，古人在大年初一有烧桃枝汤喝的习俗。清代汪灏等人在《广群芳谱》中记载了洛阳人在寒食节饮桃花粥的习俗。桃花还可酿酒、泡茶，制成桃花鳜鱼蛋羹、桃花溜火腿、桃花酥等佳肴。桃胶是桃树的树皮分泌出来的红褐色或黄褐色胶状物，是膳食纤维，对肠道健康有好处。

桃花还能美容。《神农本草经》称桃花“令人好颜色”。自古医家普遍认为吃桃花能“令面洁白悦泽、颜色红润”。古人相信常用桃花敷面可令颜面细腻光洁、富有弹性、润白如玉。用桃枝、桃花沐浴对皮肤、毛发均有良好的保健作用。

垂柳 · 清明

春风杨柳万千条

生活型：落叶乔木。

生　境：耐水湿，干旱处亦有。

物候期：花期3～4月，果期4～5月。

隋炀帝给垂柳赐姓

隋炀帝建好大运河后，乘坐巨大的龙舟下江南，他“别出心裁”地让妙龄少女化上精致的妆拉纤绳牵引龙舟前行。然而，他发现拉纤的少女们气喘嘘嘘、大汗淋漓，顿觉失了美感。于是，一位大臣建议隋炀帝在堤岸上种满垂柳，一来可以加固河堤，二来可以给拉纤绳的少女遮阳。隋炀帝便下令重赏种柳的百姓，并御笔赐垂柳国姓“杨”。

文化风俗

垂柳与离愁别绪结下了“不解之缘”，所谓“人言柳叶似愁眉，更有愁肠似柳丝”。因“柳”与“留”谐音，寓挽留之意，我国古代有折柳枝赠离别友人的习俗。

应用价值

在本草著作中，垂柳的皮、枝、根、花、叶等均可入药。据记载，早在2000多年前，人们就发现咀嚼柳枝可减轻分娩时的痛苦；在唐代，柳枝用于治疗小儿寒热和皮肤疮疗；在元代，柳枝用于治疗牙疼和头痛。著名的解热镇痛药阿司匹林，其主要成分水杨酸盐就是从柳树中提取出来的。鲜树皮加水煎服还可治疗风湿性关节炎。

柳芽泡茶色泽碧绿、清香爽口；以水烫后拌上油、盐、葱、蒜、醋，则别有风味；晒干后炒食、炸食、拌面、做汤，无不相宜。淮扬菜中就有“干炸柳芽”“软炸一枝春”等美食。

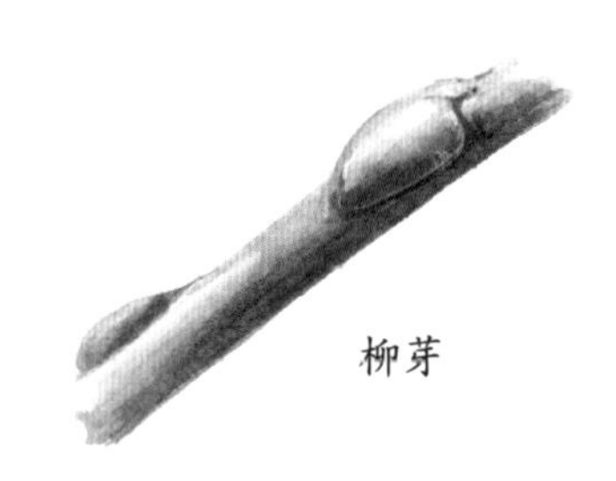

柳芽

树冠卵圆形

清明时节落雨纷纷，天气逐渐回暖，是春耕的大好时节，植树种草也正当时，有道是“植树造林，莫过清明”。经历了春风的梳理与剪裁，柳枝上鲜嫩的新叶变得翠绿可爱。“碧玉妆成一树高，万条垂下绿丝绦。不知细叶谁裁出，二月春风似剪刀。”“春来无处不春风，偏在湖桥柳色中。”垂柳是春天的使者，“柳绿桃红”则描绘了花木繁盛、色彩鲜艳、绚丽多彩的春景。

柳的种类

柳有旱柳、银叶柳、龙爪柳等种类。龙爪柳为旱柳的变种，枝条卷曲，姿态别致。旱柳中常见另一栽培变种绦柳，枝条细长下垂。

雄花序
雌花序
雌花序授粉后，
结出果实
果实成熟后，炸裂开
来，飞出飞絮
叶披针形至狭披针形，先端长渐
尖，基部楔形，缘有细锯齿

牡丹 · 谷雨

唯有牡丹真国色

生活型：落叶灌木。

生　境：山坡疏林中。

物候期：花期 4 ~ 5 月，果期 8 ~ 9 月。

牡丹以其国色天香而号称“花王”，所谓“竞夸天下无双艳，独占人间第一香”。牡丹在我国的栽培历史已超过 1500 年，约从南北朝开始作为观赏植物栽培；到隋唐时，种植逐渐兴盛；到宋代时，洛阳牡丹冠天下；如今，牡丹已在全国各地广泛栽培。

牡丹花在谷雨前后盛放，“谷雨三朝看牡丹”的习俗在民间已沿袭千余年，牡丹也被称为“谷雨花”。

谷雨时节，气候温暖，潮湿多雨，适合农作物生长，自古就有“谷雨前后，种瓜点豆”，“雨生百谷”之说。此时在南方要采谷雨茶，以清火、明目；在北方要吃香椿，寓意身体安康。

武则天怒贬牡丹

“不特芳姿艳质足压群葩，而劲骨刚心尤高出万卉。”相传，称帝后的武则天某日游御花园，一时兴起，下诏催花：“明早游上苑，火速报春知。花须连夜发，莫待晓风吹。”虽时值隆冬，但百花慑于皇威，一齐开放，唯牡丹不从。武则天盛怒之下，牡丹被贬到洛阳。结果，牡丹在洛阳扎根落户，枝繁叶茂，第二年便开出娇艳的花。

诗话本草

李正封《牡丹诗》载：“国色朝酣酒，天香夜染衣。”意思是牡丹的花色可谓国色，仿佛早晨美人酣醉的容颜；牡丹的芬芳堪称天香，在夜里能浸染衣裳。

应用价值

在欣赏牡丹雍容华贵外表的同时，古人也注意到了牡丹的药用价值，其主要以根皮入药，名为牡丹皮，具有清热凉血、活血化瘀的功效。牡丹皮是较为常用的中药，也是六味地黄丸等著名中成药的重要配方原料。

牡丹花的食用始于宋代。明清时已有较为齐全的原料配方和制作方法。牡丹花可煎食，也可滑炒、勾芡、清炖、用蜜浸、用肉汁烩，还可酿酒、制茶、煮粥、制牡丹饼。

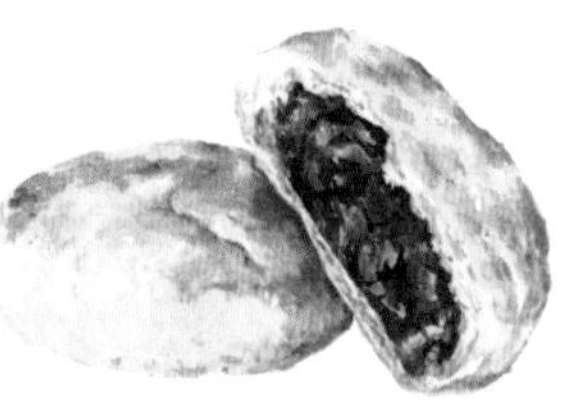

牡丹饼

相似植物

谷雨三朝看牡丹，立夏三朝看芍药。牡丹的茎为木质，落叶后地上部分不会枯死，被唤作“木芍药”；芍药为草本，落叶后地上部分枯死，又名“草牡丹”。

芍药的花是一朵或数朵顶生并腋生，花略小，春末夏初开花

本草文化

牡丹在很长一段时间内与芍药混为一谈，直到秦汉时期，才从芍药中分出，称为木芍药。牡丹，国色天香，雍容华贵，自古就是幸福美好、富贵荣华、繁荣昌盛的象征，如牡丹插瓶寓意“富贵平安”。

我国各地有种牡丹、赏牡丹、画牡丹、绣牡丹、唱牡丹等许多与牡丹有关的风俗。每年谷雨前后，山东菏泽、河南洛阳等地皆举办牡丹花会，每年的洛阳牡丹花会更是接待游客百万人次以上，花海人潮两相映。

石榴 · 立夏

五月榴花照眼明

生活型：落叶灌木或乔木。

生　境：温带和热带地区有栽培。

物候期：花期 5 ~ 7 月。

石榴，又名安石榴，是人类栽培最早的果树和花木之一。据文献记载，其栽培历史超过 4000 年。《二如亭群芳谱》载，石榴“本出涂林安石国，西汉张骞出使西域得其种以归，故名安石榴”。涂林安石国即现伊朗附近。如今石榴在我国的栽培分布很广，尤以山东、陕西、四川、云南等省为最。石榴花还是西安、合肥、连云港、枣庄等地的市花。

立夏为夏季的第一个节气，古语云“孟夏之日，天地始交，万物并秀”，孟夏指初夏，意思是从立夏开始，万物生长，欣欣向荣。人们在这个节气会为家人称重，以祈求家人一年平安，并以此来观察夏季身体的变化，防止疰夏（发生于夏季的季节性疾病），保持健康。

石榴皮止泻的故事

元代时，有个著名的医家朱震亨（又名朱丹溪），很多学医者自愿拜其门下学习。有一年夏天，朱震亨的一位书友肚子疼，久泻不止。朱震亨开了方子给他服下，却丝毫未见效果，名医一时束手无策。这时朱震亨的学生戴思恭提议，在原方中加上“石榴皮三钱”。果然见效，3 剂之后病已痊愈。朱震亨感慨道：“真是青出于蓝而胜于蓝！”可见石榴皮有治疗腹泻的功效。

典籍说本草

《名医别录》称石榴味甘、酸，无毒，用于治疗咽喉干燥、口渴。

《本草纲目》称石榴皮味甘、酸、涩，性温，可用于止泻。

诗话本草

杨万里《初夏即事十二解》载：“却是石榴知立夏，年年此日一花开。”意思是石榴花开，便知时节已经到了立夏。因为每年到了这个时节，石榴花都会开放。

苏轼《阮郎归·初夏》载：“微雨过，小荷翻。榴花开欲燃。”意思是微雨过后，荷叶随风翻转，石榴花如火焰般盛开。

小贴士

将石榴带肉种子锤碎，以开水浸泡过滤，冷却后每日含漱数次，可治疗口舌生疮、扁桃体炎。

本草文化

石榴果“雾縠（hú）作房珠作骨，水晶为醴（lǐ）玉为浆”，形美而味甘，被人们喻为繁荣、昌盛、和睦、团结、吉庆的佳兆。在我国，石榴多籽象征子孙满堂，因此，石榴常作为民间馈赠的果品，常常在婚礼的喜帐和新娘的礼服上也要绣上石榴图案。家中老人过寿时，晚辈也常送石榴以祝老人家幸福长寿。

在热带为常绿树

应用价值

石榴的根皮、果皮、花瓣、叶片均可入药。特别是其果皮，药名石榴皮，具有止泻、止血、驱虫之功效，最为常用。

石榴果以鲜食为主，还可酿酒、造醋、制清凉饮料，也可用于烹调，制成风味独特的石榴粥。坚持用石榴汁液涂脸敷面，能消除黑斑、延缓皱纹生成，使皮肤细腻、光洁、柔润。

花发金银满架香

生活型：常绿或半常绿缠绕藤本。

生　境：山坡灌丛或疏林中、乱石堆中、山路旁及村庄篱笆边。

物候期：花期5～9月。

“金花茶”与“银花茶”

相传唐代药王孙思邈在乡间因为口渴，向正在晒药材的姐妹俩要水喝。他分别喝了姐姐泡的“金花茶”和妹妹泡的“银花茶”，觉得两种花茶都清香爽口，还能止渴清热。姐妹俩笑着告诉他，这本是一种花，初开时白色，盛开时黄色，名叫金银花。孙思邈领悟药性后认为这种花可以入药。

金银花是植物忍冬的花，因小满前后 10 天为其最佳采摘期，忍冬在山东枣庄被称为“小满花”。

小满是夏季的第二个节气，此时，麦子灌浆，逐渐饱满，但尚未成熟，故名小满。小满也是插水稻的季节，必须确保稻田里水分的充足，于是农人要踏水车、祭水车神。

典籍说本草

忍冬原产于我国，分布于各省，被历代医家认为是清热解毒的圣药。东晋葛洪的《肘后备急方》最早记载了忍冬茎叶的药用。李时珍认为忍冬可消除一切风湿气及诸肿毒。晋代名医陶弘景认为长期喝金银花茶可以使身体轻盈，延年益寿。

诗话本草

欧阳修《五绝·小满》云：“夜莺啼绿柳，皓月醒长空。最爱垄头麦，迎风笑落红。”诗句描绘了恬淡祥和的田园风光。小满的夜晚，依依杨柳旁传来夜莺动听的歌声；皓月高悬，皎洁的月光照亮夜空，此时，田间的麦子正茁壮成长，迎风舞动，仿佛在向渐落的百花炫耀着自己的饱满健壮。

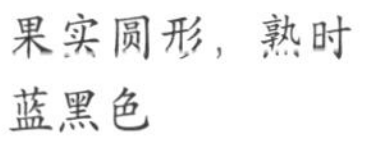

果实圆形，熟时蓝黑色

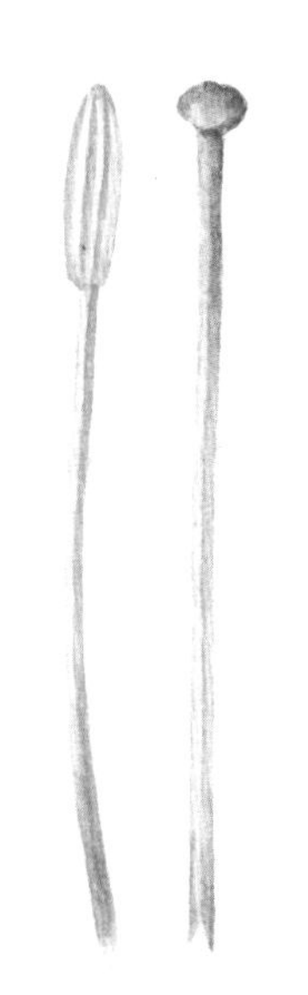

雄蕊和花柱

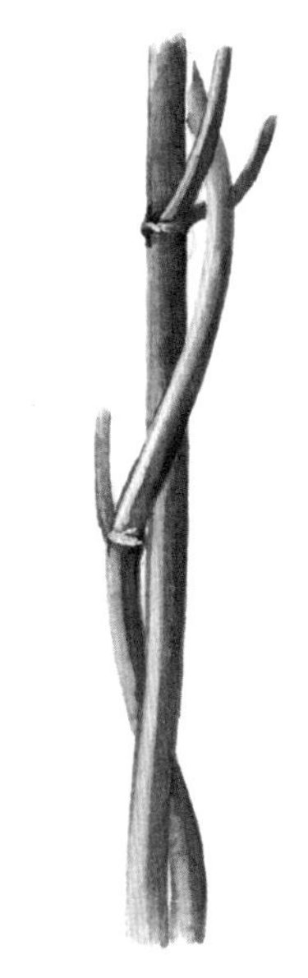

茎细，左缠，多分枝

名称由来

忍冬凌冬不凋，因而得名，但这里所说的“不凋”指的是叶，而不是花。它还有多个别名。因其初开时花色洁白，两三天后变为金黄，黄白映衬，故称“金银花”；因其花形似古代妇女簪戴的金钗，又叫“金钗股”；因其成双成对生长，双花宛如依偎相亲、白头偕老的鸳鸯，又名“鸳鸯藤”。

应用价值

忍冬的花朵和茎自古即入药，可清热解毒，用于咽喉疼痛、皮肤斑疹破溃等。由藤、叶和花朵蒸馏制得的金银花露可治疗咽喉肿痛、牙龈肿痛、口干舌燥等。将花朵摘下晾干后泡茶，茶香芬芳扑鼻，茶汤十分爽口，饮茶后使人清心明目。茎、叶干燥后也可作茶的代用品。将叶或全株研碎后榨出汁液，倒入洗澡水中，幼儿用此汤水沐浴可防止夏天长痱子。

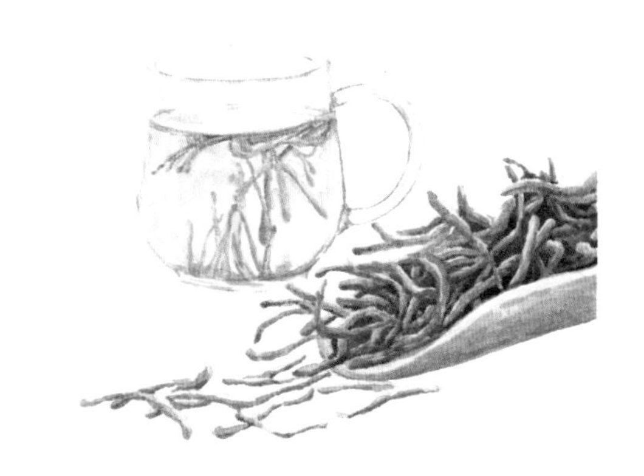

栀子 · 芒种

雪魄冰肌栀子香

生活型： 常绿灌木。

生　境： 旷野、丘陵、山谷、山坡、溪边的灌丛或林中。

物候期： 花期 3 ~ 7 月，果期 5 月至翌年 2 月。

小贴士

栀子花不宜近嗅，须防花蕊中有小虫被吸入鼻孔。

栀子因果实呈深红色而得名“木丹”。传说种子来自天竺，与佛有关，因此栀子又叫“禅客”“禅友”

潮汕端午美食——栀粿

芒种，即“忙种”的意思，小麦熟了，谷、黍、稷类要播种了，忙收又忙种。“时雨及芒种，四野皆插秧”，陆游的诗句描绘出了芒种时家家户户农忙的景象。芒种前后是端午，端午节各地都有蒲艾簪门（就是把菖蒲、艾叶插或悬挂于门上，据说可以避邪）、吃粽子的习俗。而在广东潮汕地区，人们习惯在这一天吃当地特有的一种应节食物——栀粿。栀粿是一种浸透栀子汁液的糯米美食，闻起来有一股浓郁的清香，摸起来更是弹性十足。吃的时候可用纱线切割成小片，蘸白糖，软糯的栀粿加上脆脆的白糖颗粒感，不仅风味独特，而且具有清热、助消化的功效。

染色佳品

栀子果实可提取天然黄色素，早在秦汉时期就盛行用栀子来染色。杜甫《江头四咏·栀子》说：“于身色有用”，也肯定了栀子的染料用途。现代，栀子黄色素已广泛用于糖果、果冻、饼干、冰淇淋、果汁型饮料等多种食品中，如苏州人冬至喝的冬酿酒里所用的栀子黄，令酒呈现漂亮的淡琥珀色。

药食两用

栀子是一味药食两用佳品，它的果实、花、根都可以入药，具有清热泻火、凉血的功效，尤其是栀子的果实，更是中医常用的一味中药。有意思的是，栀子炒黑后，止血作用更强，药效更佳。所以在中医处方中，我们可以看到“炒栀子”“焦栀子”等名称。

栀子也可食用。《广群芳谱》提到重瓣的栀子花用梅酱、糖蜜腌制后，可做羹果。栀子花还可油炸、煮粥、制茶。栀子果实可以酿酒。

庭园嘉木

栀子春芽清秀葱翠，夏花洁白如雪，秋实玲珑可玩，冬叶碧绿傲霜，为庭园嘉木，又有多种应用价值，难怪杜甫盛赞"栀子比众木，人间诚未多"。连宋代著名诗人梅尧臣也爱种植栀子，他在诗中写道："举世多植梨，而我学种栀。"

半夏 · 夏至

当夏之半半夏生

生活型：草本。

生　境：沼泽或水田。

物候期：花期5～7月，果8月成熟。

名医张锡纯妙用半夏止呕

在清代，流传着一个有关半夏止呕的故事。清朝末年，有一位英国医生呕吐不止，已无法进食很久，生命垂危，为他诊治的美国和日本医生已使出浑身解数也无济于事，于是断定此人回天乏术了。无奈之下，他的家人为他请来了盐山一位善用半夏的名医——张锡纯。张锡纯用自制的半夏加茯苓、生姜给这位英国医生服用。服了两剂药后，患者已有明显好转，又过了几天，竟然康复如初了。张锡纯精湛的医术令外国医生大为折服，敬佩至极，一时传为佳话。

典籍说本草

《金匮要略》说半夏“治诸呕吐”。（释义：半夏可治疗各种呕吐症状。）

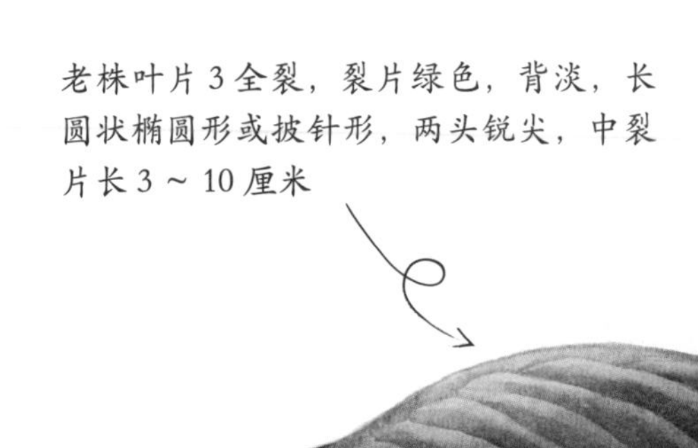

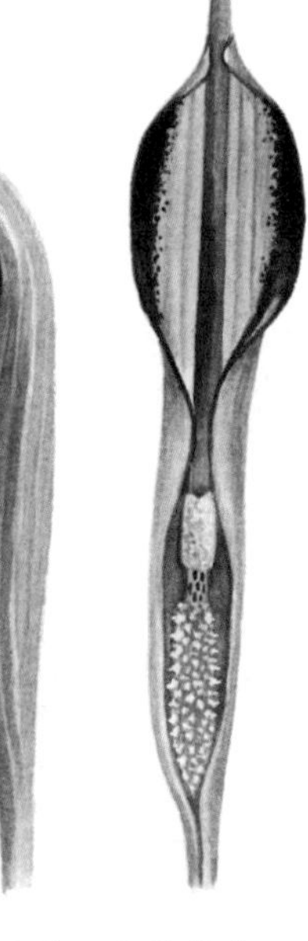

佛焰苞、肉穗花序

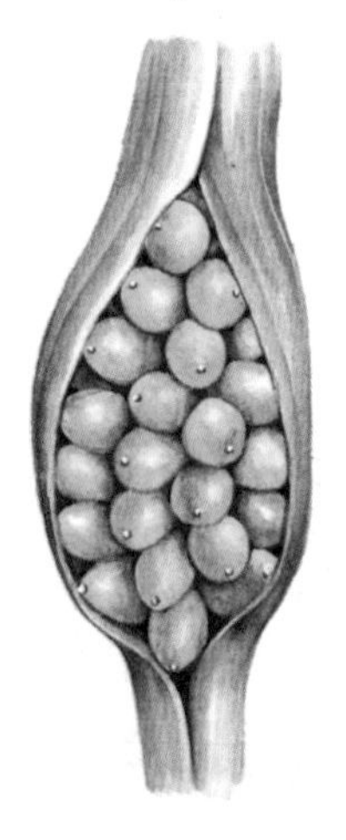

浆果

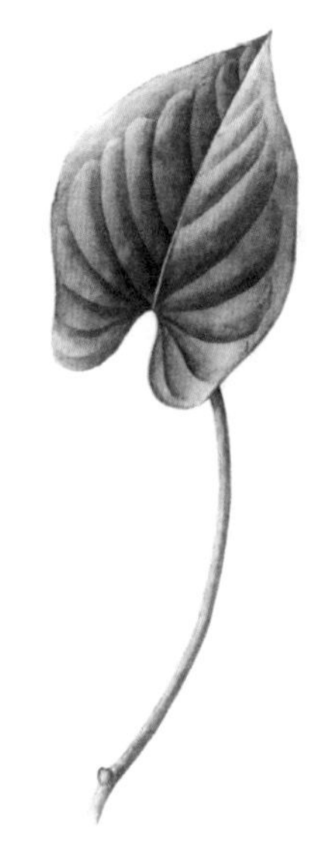

小时候的半夏

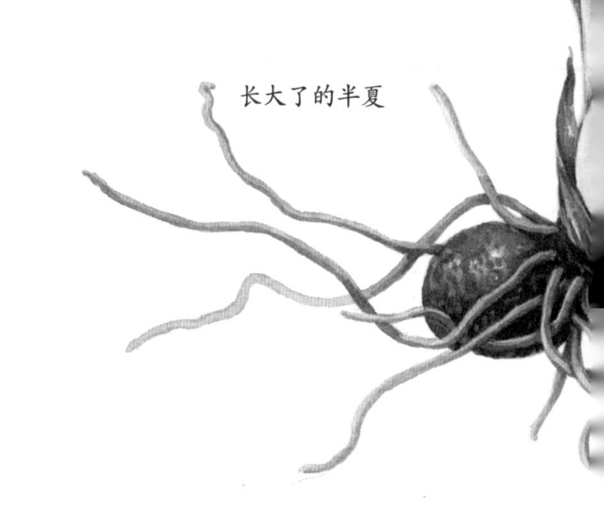

长大了的半夏

小贴士

生半夏有毒，常炮制后煎服，但炮制后仍有一定毒性，故临床当谨慎使用，切勿过用。

值得注意的是，有的中药也有“冤家对头”。半夏的“冤家”是乌头，一般半夏与乌头不能同时出现在一张药方中。

夏至，时值农历五月中，万物至此壮大繁茂到极点，阳气也达到极致。这天北半球各地白天时间达到全年最长，夜晚时间则最短。夏至要吃面食，有“冬至饺子夏至面”之说；夏至也是荔枝飘香的时节，岭南地区自古就有夏至吃荔枝的习俗。夏至有三候，一候鹿角解，二候蜩始鸣，三候半夏生。意思是夏至鹿角便开始脱落，蝉也开始鼓腹而鸣，半夏这种喜阴的药草也开始生长了。

半夏是中医常用的化痰药、止呕药，在我国已有2000多年的药用历史。因为生于农历五月，当夏之半，故而得名半夏。又因它生长在水田或沼泽，故还有“守田”“水玉”等别称，此外，也有人叫它“三步跳”“地八豆”。

“高枕无忧散”

《古今医鉴》中有一首“高枕无忧散”，可治疗“心胆虚怯，昼夜不睡，百方无效”，其中就有半夏。相传明代姑苏人张濂水曾用百部一两、半夏一两，治好了董尚书的失眠症，得到了百金的重酬。可见，半夏治疗失眠也效果独到。

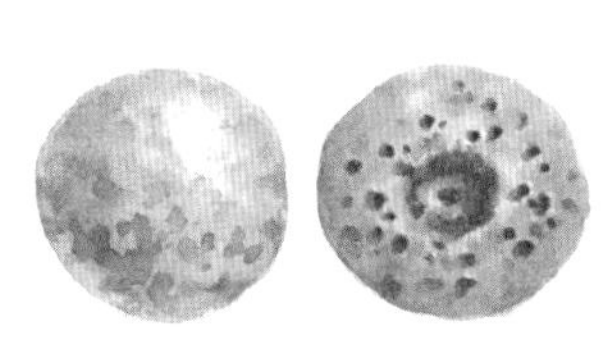

生半夏：它是有毒的哦！一般只作外用，所以千万不要轻易品尝！既然它有毒，那么我们怎么安全地使用它来治病呢

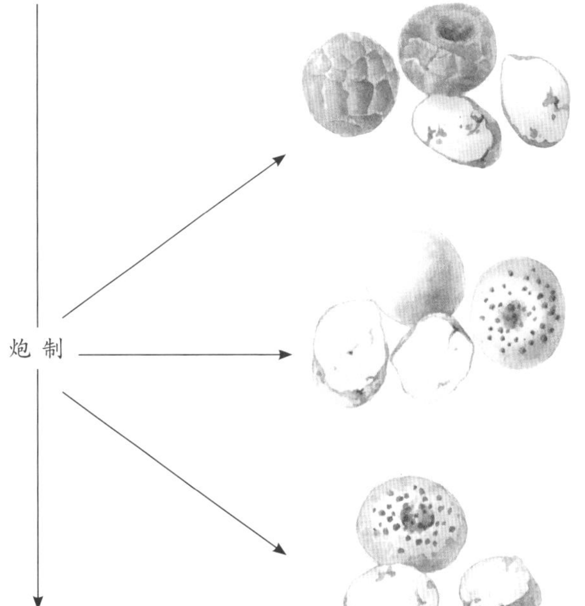

姜半夏：它更适合降逆止呕

法半夏：它善于帮助身体祛除寒痰

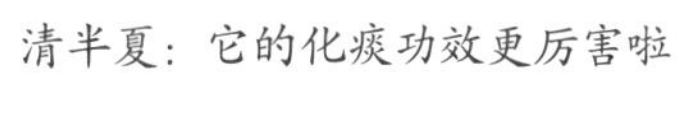

清半夏：它的化痰功效更厉害啦

毒性减小了，功效加强了

荷花·小暑

映日荷花别样红

生活型：宿根水生植物。

生　境：池塘或水田内。

物候期：花期6～8月，果期8～10月。

俗话说“小暑大暑，上蒸下煮”，小暑，已经逐渐接近一年中最热的时候。古代，民间有小暑“食新”的习俗，人们将新打的米、麦等磨成粉，制成各种面食享用，也有地方会在这天吃藕。“小暑不足畏……雨声荷叶香”，小暑时节密密的荷叶仿佛与蓝天相接，呈现无边青翠；盛开的荷花在阳光下分外红艳，清香送爽，如此美景，为炎炎夏日带来了美妙风光与一丝清凉。

巧用鲜藕解蟹毒

相传宋孝宗患痢疾，众医不效。其父高宗偶然遇见一小药肆（药店），就召药肆主人进宫来诊治疾病。药肆主人问过孝宗的病情，又替孝宗诊过脉，便说：“这是冷痢，因食蟹中毒所致。”随后他即开了一个方子——用新采的藕节捣烂取汁，热酒调服。孝宗仅吃了几次药，就痊愈了。宋高宗大喜，就赐给药肆主人一个捣药金杵臼。

本草价值

荷全身都可入药，《神农本草经》说莲藕主补中养神，益气力，除百疾；李时珍也夸赞荷“医家取为服食，百病可却”。《罗氏会约医镜》说荷花能清心益肾，黑头发，驻颜色。可见荷花有良好的美容功效。

荷可被烹制成多种佳肴，如莲子粥、莲花糕等。《红楼梦》中，不仅有用福建产的建莲子做药引的案例，在贾府的盛宴上还有益气安神佳点“建莲红枣汤”。

本草文化

荷花具有“出淤泥而不染，濯清涟而不妖”的高洁品性，被誉为“花中君子”，自古备受国人推崇，种荷、赏荷、画荷、咏荷、食荷、用荷之风久盛不衰。民间还将农历六月二十四日定为荷花生日，人们在这天赏荷灯、跳荷花舞、唱荷歌，尽情欢乐。

在漫长的历史长河中，荷花象征的高洁品性与美好情操，已升华为一种催人奋进的民族精神。当年孙中山先生，眼望荷花盛开的西湖，有感于欣欣向荣的景象和莲花清正廉洁的品格，曾发出“中国当如此花”的感慨。

荷花小档案

荷花，又称水芙蓉、碧波仙子、泽芝、藕花、六月春等。它原产于我国，在距今 1.3 亿多年前的地层里就曾发现它的花粉。在公元前 11 世纪，藕已是当时食用的 40 种蔬菜之一。而莲的栽培历史已超过 2500 年。据记载，吴王夫差曾在太湖之滨的离宫，为西施筑玩花池，池中就种有野生红莲等，营造了“鱼戏莲叶间”的景致，供美人赏荷观鱼。

古莲佳话

植物的种子里有一些“老寿星”，其中最著名的就是古莲子了。1952 年，在辽宁大连普兰店东郊，出土了一种硬如卵石、壳已碳化的千年古莲子。1953 年，北京植物园的科技人员参考《齐民要术》中有关方法，经过仔细处理与悉心照料，使得古莲于 1955 年首次开花结实，一时传为佳话。

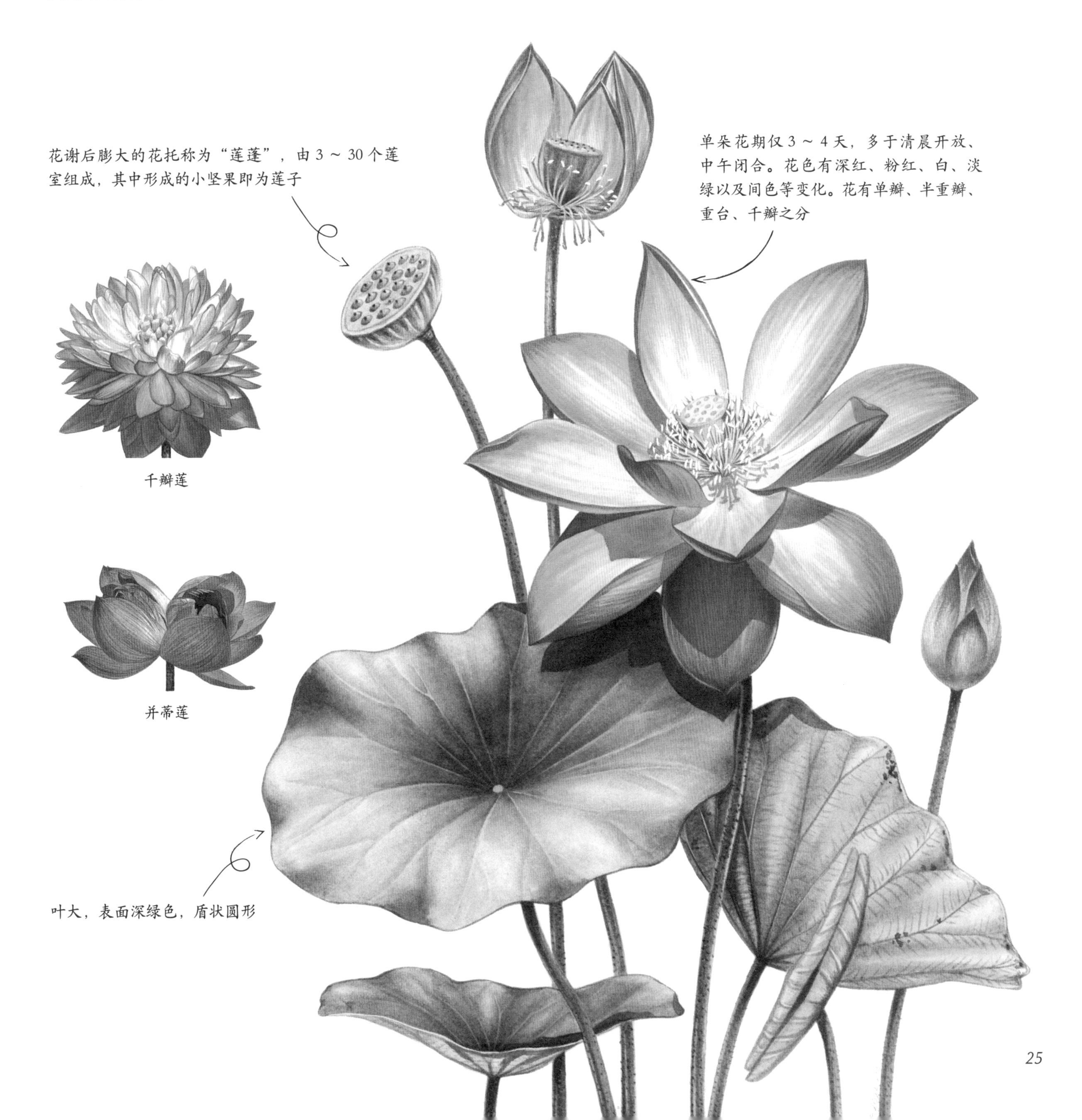

槐 · 大暑

庭前槐树绿阴阴

生活型： 落叶乔木。

生　境： 全国各地广泛栽培。

物候期： 花期6～8月，果期8～10月。

庚肩吾常服槐实的故事

《本草纲目》中引用了《梁书》中的一则关于南朝梁代文学家、书法理论家庚肩吾与槐实的小故事，说：“庚肩吾常服槐实，年七十余，发鬓皆黑，目看细字。”意思是庚肩吾经常服用槐实，七十多岁的时候，头发依然乌黑，眼睛还可以看清小字。槐实即槐之果实，具有清热泻火、凉血止血的功效，这个故事从侧面也反映了槐实的药用价值。

龙爪槐，枝条弯曲下垂，颇似龙爪

紫花槐，初夏开紫花，风摇紫穗，珊珊可爱

种子卵球形

槐，葱翠雅洁，绿荫如盖，黄花悦目，为城乡著名的行道树、风景树

大暑，处于一年中日照最多、天气最炎热、酷热难耐的“三伏天”，其间雷暴、台风频繁，但农作物成长最快，生机勃勃的盛夏孕育着丰收的喜讯。民间有大暑饮伏茶、晒伏姜、喝姜汁（祛除湿气）、吃冷面、烧伏香等习俗。大暑时节，正当花期又能遮阳者当数槐，所谓“遮阴蔽日擎华盖，一夜落花满地金”。

槐，又名槐树、家槐。我国自周代起就在皇宫中种植槐树，故槐树又称“宫槐”。曹丕《槐赋序》云：“文昌殿中槐树，盛暑之时，余数游其下，美而赋之。”宋代梅尧臣写诗赞曰：“汉家宫殿荫长槐，嫩色葱葱不染埃。”自元代起，槐就一直是北京的当家行道树，七八月，道路两旁随处可见开花的槐树，如烟花、似轻雪。1986年，槐和侧柏一起被评为北京市市树。

羽状复叶长达 25 厘米。小叶 4 ～ 7 对，对生或近互生，卵状披针形或卵状长圆形

荚果串珠状，入药称“槐角”

花序顶生，常呈金字塔形。花冠白色或淡黄色

古槐奇观

槐树的树龄可以很长。俗语：“千年松，万年柏，顶不上老槐歇一歇。”北京、山东、山西古槐颇多。山西太原晋祠中有隋槐，至今生机盎然。北京北海公园画舫斋古柯庭院内有株唐槐，屹立于假山之上，宛如一株巨型盆景，迄今已 1300 多岁，是北京城区最高龄的古槐，乾隆皇帝还曾为它题诗。

槐为良药

《神农本草经》将槐列为“上品”。槐叶、槐花、槐实都可入药。古人认为槐实“久服明目益气，头不白”，有一定的护肤乌发、延缓衰老的作用。槐的不同部位入药，功效不同。槐花具有清热凉血、清肝泻火、止血的功效，有意思的是，花蕾期的槐花（槐米）和盛花期的槐花，其药效成分差别较大，药用价值也有差别。

三槐九棘

古代朝廷种三槐九棘（酸枣树），公卿大夫坐于其下，面对三槐者为三公，三公是辅佐国君掌握军政大权的最高长官。后来，三槐成为三公的代称。槐树自古就为公卿大夫之树，在历代国子监和贡院里都有种植槐树。

木槿 · 立秋

槿花一日一回新

生活型：落叶灌木或小乔木。

生　境：国内多地有栽培。

物候期：花期6～10月。

一朵木槿花的花期有多长

木槿，又名朝开暮落花。李白曾咏木槿："芬荣何夭促，零落在瞬息。"崔道融《槿花》："槿花不见夕，一日一回新。"白居易《秋槿》："中庭有槿花，荣落同一晨。"《本草纲目》记载："此花朝开暮落，故名日及。曰槿曰蕣，犹仅荣一瞬之义也。"可见，一朵木槿花从盛开到凋零的时间很短。可谓一天之内，即荣枯一生尽矣。

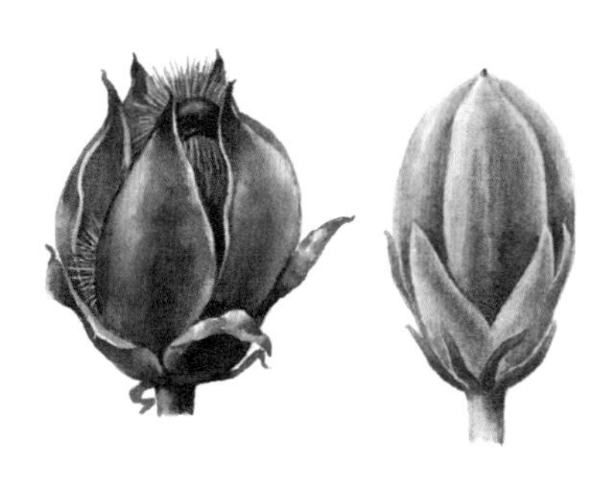

蒴果卵圆形，密被黄色星状绒毛

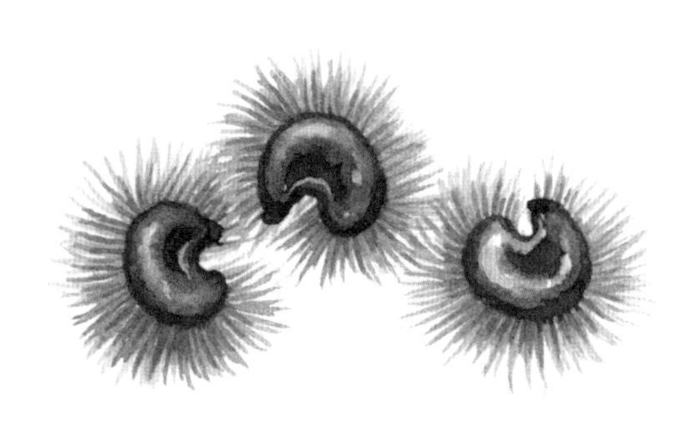

种子肾形，背部被黄白色长柔毛

粉紫重瓣木槿

本草价值

从历代本草记载看，木槿的果实、叶、根及根皮、花均有良好药效。《本草纲目》说它可“消疮肿，利小便，除湿热”。

木槿花篱

木槿为优美的庭园花木，园林中常用作绿篱、花篱。《本草衍义》记载说湖南、湖北人家多种植为篱障，花与枝两用。其因枝条柔韧，不易折断，作围篱时可以编织。若选用重瓣红木槿，就更能体现杨万里《道旁槿篱》诗中“夹路疏篱锦作堆，朝开暮落复朝开”的意境。

木槿风味

木槿花加入豆腐汤内，可做成鲜香嫩滑的“木槿豆腐汤”。有的地方用捞饭的米汤来煮木槿汤，风味更是独特。或者将洗净的木槿花，拌入加了鸡蛋的面糊，加葱花油炸，松脆可口，又称“面花”。木槿花与高粱米加白糖一起熬成的木槿粥，色味俱美。木槿还可制成姜茶、白蜜茶、冰糖饮等饮料。

木槿豆腐汤

立秋，意味着阳气渐收、阴气渐长，降水、湿度也趋于减少，多数的花草即将凋萎。但此时仍处于暑期，天气依然炎热，秋花尚未登场，绝大多数的夏花也已不再绚烂。难得的是，木槿从仲夏开花至立秋，却依然花开烂漫，娇妍妩媚，一树繁葩，明艳照眼，难怪人们赞美它“澹然超群芳，不与春争妍”。

桔梗 · 处暑

闲看溪边桔梗花

生活型：草本。

生　境：阳处草丛、灌丛中、林下。

物候期：花期7～9月。

朝鲜族民歌《桔梗谣》的故事

传说有位名叫“道拉基”（桔梗的朝鲜文音译）的姑娘，她虽家境贫寒，却长得十分美丽。后来她与一位以砍柴为生的青年相恋，他们因生活贫困而欠了债，当地主抢她抵债时，她的恋人在愤怒中杀死了地主而被关入监牢。桔梗姑娘因此悲愤而亡，葬在恋人砍柴必经的山路上。次年春天，她的坟上开出紫色小花，人们就以她的名字“道拉基”命名这种小花，并编成歌曲传唱，赞美纯真的爱情。这就是《桔梗谣》，它的歌词大意是：“桔梗哟，桔梗哟，桔梗哟桔梗，白白的桔梗哟长满山野……”

扫一扫，
聆听《桔梗谣》

神医华佗曾多次来大别山商城采药，赞曰：“千山万川都有觅，唯有商桔黄菊心。”

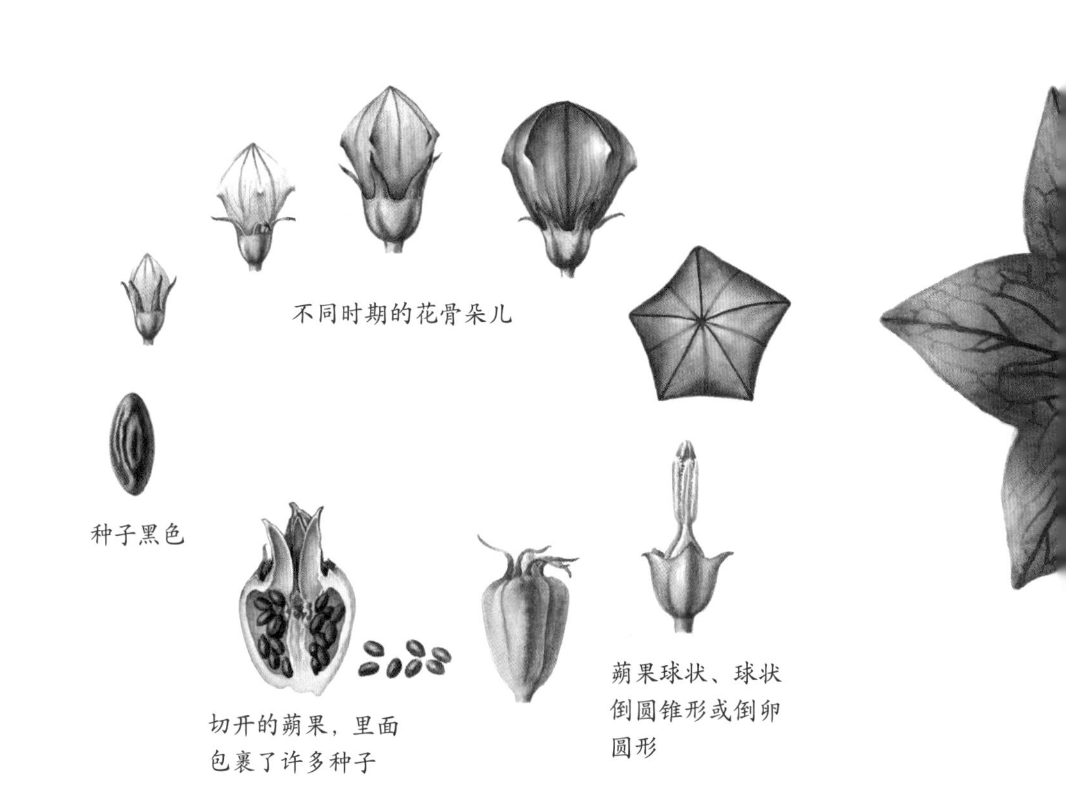

好吃的桔梗

桔梗嫩茎叶和根均可作蔬食，在吉林延边地区，桔梗嫩叶是朝鲜族当地的家常蔬菜，人们还把桔梗的根加工成泡菜，以便于在不同季节都能吃到桔梗。

小贴士

桔梗汤如用量过大，可能引起恶心呕吐，因此要在医生的指导下才能服用哦！

处暑，意味着炎热的暑天结束，三伏已过或接近尾声，此后，“离离暑云散，袅袅凉风起”，气温开始下降，天气逐渐凉爽，秋天的步伐近了。古人讲“处暑满地黄，家家修廪仓”，说明处暑一到，忙碌的秋收就要开始了。此时，民间有放河灯、种菱角、煎药茶、拜土地公等诸多习俗，煎的是什么样的药茶呢？原来，处暑时节秋燥严重，宜吃些养阴生津的食物来润肺，所以桔梗、麦冬等药茶是这个时节的最佳饮品。

桔梗，又名苦菜根、铃铛花、六角花，是一味传统中药，以干燥根入药，有止咳、化痰、消肿、排脓等功效。处暑时节，正值桔梗花期，它的花别具一格，被誉为不慕繁华的“花中处士”。“蕨虆麦饭无馀事，闲看溪边桔梗花”，清代缪公恩的《山村》诗写出了甘于粗茶淡饭的人们忙里偷闲看桔梗花的恬淡心情。

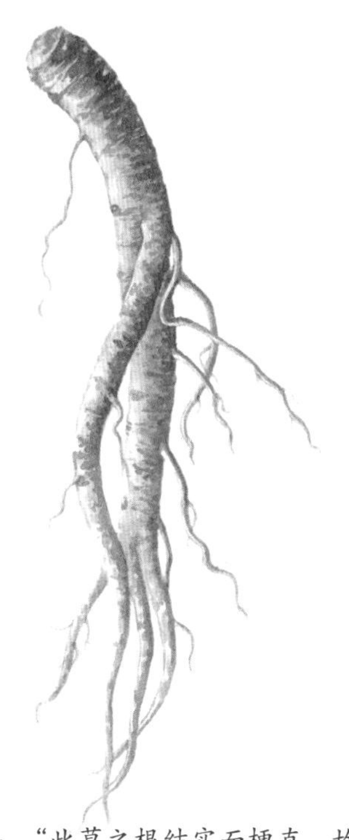

《本草纲目》云：“此草之根结实而梗直，故名桔梗。”

桂花 · 白露

冷露无声湿桂花

生活型：常绿阔叶乔木。

生　境：全国各地广泛栽培。

物候期：花期 9 ~ 10 月上旬，果期翌年 3 月。

桂花的典故

桂花的典故传说不胜枚举，其中最著名、流传最广的当数“吴刚伐桂”的神话故事，毛泽东曾写下“问讯吴刚何所有，吴刚捧出桂花酒”的浪漫词句。农历八月，既是赏月也是赏桂的最佳时期，俗话说“八月十五桂花香”。桂花为月中“仙树”，明月有“桂宫”的别称，两者结下了不解之缘。

中国古代每年八月是科举的关键时刻，此时正逢桂花盛开，人们遂以“月中折桂”或“蟾宫折桂”来比喻登科。

古书上说“八月节，秋属金，金色白”，白露之名由此而来，杜甫诗句“露从今夜白”即是化用此典故。白露期间，农民忙着收获庄稼，各地有祭祀大禹、酿五谷酒、喝白露茶等习俗。当清晨的露水风干，空气中会漾着醉人的甜香，原来是桂花开了。当夜晚降临，尤其是月明夜静之时，凉风送来阵阵桂花香，令人心旷神怡，如入仙境，不由地想起唐代宋之问“桂子月中落，天香云外飘”的妙句。

桂花，是中国十大名花之一，自古为中国园林中不可或缺的重要花木，它的栽培历史不少于2500年。宋代著名词人李清照盛赞它“何须浅碧深红色，自是花中第一流”。我国桂花产地很多，如因桂树成林而得名的桂林、盛产桂花的西湖满觉陇。另外，湖北咸宁、江苏苏州、四川新都、福建浦城都是著名桂花产区，福建浦城是丹桂原产地，被誉为“中国丹桂之乡”。

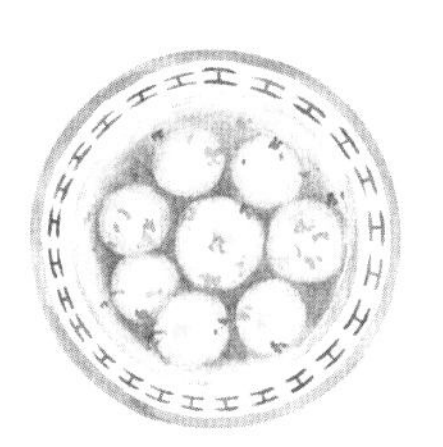
桂花圆子

桂花酒

桂花糕

花名起源

桂花有诸多别名与美誉。因叶脉形如古代帝王诸侯举行礼仪时所用玉器——圭，得名“桂”。因材质致密，纹理如犀又叫“木犀”。因其花香飘数里，有别称“九里香”。此外，还有金粟、仙客等别名。

古桂奇观

陕西汉中圣水寺中尚存汉桂一株，相传为西汉相国萧何所植。此树树龄高达2200余年，高13米，冠幅400平方米，树干直径2米有余。它颇为奇特，每年开3次花，4 ~ 10余瓣，呈黄、红、白3色。

应用价值

桂花可入药，李时珍说，桂花可以生津、辟臭、化痰，并可治疗风虫牙痛。桂花又是人们最常食用的花卉之一，可制成多种佳肴美点，如桂花糖、桂花茶、桂花饼、桂花糕、桂花酒、桂花圆子、桂花糖藕等。

银杏 · 秋分

银杏树下遍地金

生活型：落叶大乔木。

生　境：全国各地均有栽培，或生长于天然林中。

物候期：花期3月下旬至4月中旬，种子9～10月成熟。

雌银杏和雄银杏的“孩子”叫“果实”吗

大自然是神奇的，在创造植物之初就赋予了银杏性别，银杏有雌树和雄树之分。雌树与雄树种在一起会结出浅绿色的银杏“果实”，因为银杏为裸子植物，种子外无果皮保护，所以我们看到的浅绿色“果实”其实是银杏的种子。

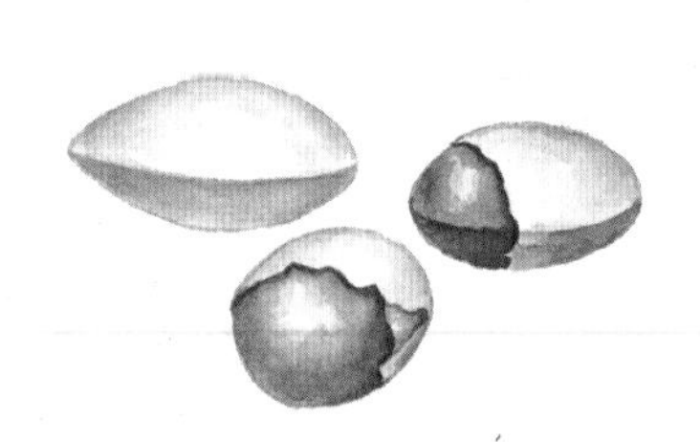

中种皮如白色的铠甲，包裹着膜质内种皮、种仁

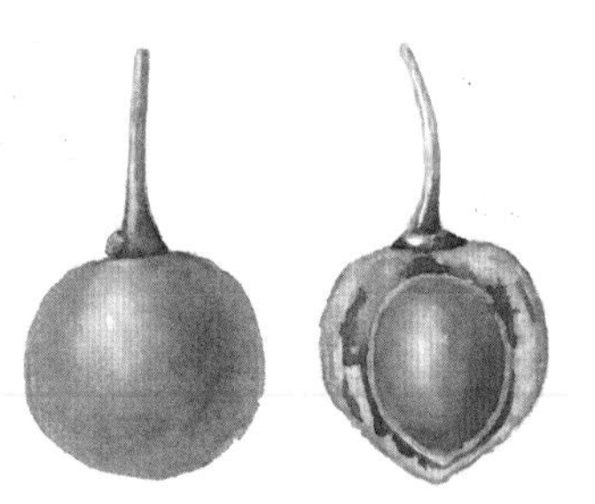

肉质的外种皮

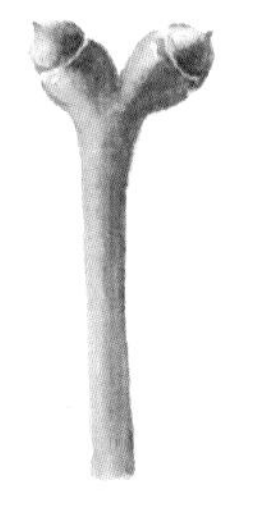

雌球花

秋天换了金装的银杏叶

古银杏树

我国不乏千年以上的古银杏树，如山东莒县浮来山定林寺的古银杏，树干最大胸围15.7米，8个人手拉手才能围住，已经3000多岁，被誉为“天下银杏第一树”。郭沫若先生称赞银杏为“东方的圣者，中国人文的有生命的纪念塔”。

文化典故

银杏的实生苗20～30年才能结果，意味着公公栽的树，孙子才能吃上果，所以人称“公孙树”。其叶片形似鸭掌，故又名“鸭掌树”。古人曾互赠银杏以表达深厚的友谊。北宋时，欧阳修在收到梅尧臣赠送的银杏后，十分感动，以诗回赠云：“鹅毛赠千里，所重以其人。鸭脚虽百个，得之诚可珍。”

秋分，正好在秋季 90 天的中间，所谓“平分秋色”。这天太阳光几乎直射地球赤道，全球各地昼夜等长，此时大部分地区已进入凉爽的秋季，难怪刘禹锡感慨“自古逢秋悲寂寥，我言秋日胜春朝”呢。秋分是收获的大好时节，各地也有吃秋菜、放风筝、拜神等习俗。时至秋分，银杏叶也逐渐变黄，“碧云天、黄叶地”的美丽秋色画卷渐次展现。

银杏，因其种子形似小杏而核色白，故得名银杏，为我国特有的珍贵孑遗树种。2 亿多年前其曾遍布全球。第四纪冰川的浩劫，致使银杏家族中的许多成员遭到灭绝，变成化石，唯独我国的银杏幸存下来，绵延至今，成为研究古代裸子植物形态的活材料，因此它被植物学家誉为“活化石”，属国家一级重点保护野生植物。目前，仅天目山、神农架等地生活着少量野生、半野生状态的银杏，其他广泛分布的都是人工栽培品种。

小贴士

银杏不管是食用还是药用，都要将外层种皮剥去，只留种仁用，因为外层种皮有毒，不可食用。其实银杏种仁中也含少量毒性成分，在水洗及煮熟的过程中会消除其毒性，所以要避免生吃或过量食用。

良药佳肴

银杏的种仁入药，名为白果。《本草纲目》说白果“熟食，温肺益气，定喘嗽，缩小便，止白浊。又能消毒杀虫”。作为食材的白果，香糯可口，别有风味，是极佳的食材，如鲁菜中的诗礼银杏，四川青城山道家的白果炖鸡、蜜制白果等。

菊花 · 寒露

凌寒秋菊夺春华

生活型：宿根亚灌木。

生　境：阴湿肥沃的山沟或园圃。

物候期：花期 9 ~ 11 月。

遍生菊花的神奇“长寿谷”

《后汉书·郡国志》中记载：南阳郦县山中有一条溪谷，溪谷两旁遍生甘菊，花瓣常坠入水中，日久，这条溪水的味道特别清香甘甜。居住在溪谷下游两旁的人家，饮用此溪水为生，世代皆长寿。高寿的人一百二三十岁，中寿的人一百多岁，最短的寿命也有七八十岁。《神仙传》一书还记载了康风子、朱儒子服菊成仙的事例，虽然服菊成仙只是传说，但菊花确有益寿延年、令人容颜久驻的功效。

小贴士

民间有在九月九日重阳节登高、赏菊、饮菊花酒的习俗。汉代宫廷贵族把菊花酒称为“长寿酒”。

滁菊，产自安徽滁州，是有名的道地药材哦

野菊，它与菊花可不是同一个品种哦

金丝皇菊

寒露来临后，昼渐短，夜渐长，日照减少，“寒露寒露，遍地冷露”。寒露三候：“一候鸿雁来宾；二候雀入大水为蛤；三候菊有黄华。”和大多数春夏盛开的花不同，孤傲高洁的菊花，越是霜寒露重，越是开得艳丽，因此有“凌霜留晚节，殿岁夺春华”的美誉，唐代诗人元稹更是感慨“不是花中偏爱菊，此花开尽更无花”。

菊花原产于我国，栽培历史悠久，2000 多年前的《礼记·月令》中就有记载，其姿色香韵俱佳，姿态万千，美不胜收。菊花，是菊科菊属多年生宿根草本的统称，而通常所说的菊花特指秋菊。

应用价值

菊花除了有药用保健功效外还可食用，菊花入馔（zhuàn，饭食之意）始于战国。菊花可制成菊花甜肉、菊花里脊、菊花糕等多种美味佳肴。菊花茶久服不伤胃气，可养肝明目、降血压。

本草文化

菊花别名黄花、金英、九华，又有“寿客”“东篱客”“花中隐士”等别称和雅号。古往今来，菊花都被视为坚贞、高洁的化身，与梅、兰、竹并誉为“花中四君子”，陶渊明有“采菊东篱下，悠然见南山”的诗句。南宋诗人陆游说“菊花如端人，独立凌冰霜”，宋代诗人郑思肖说“宁可枝头抱香死，何曾吹落北风中”，均赞菊花高洁的品格。

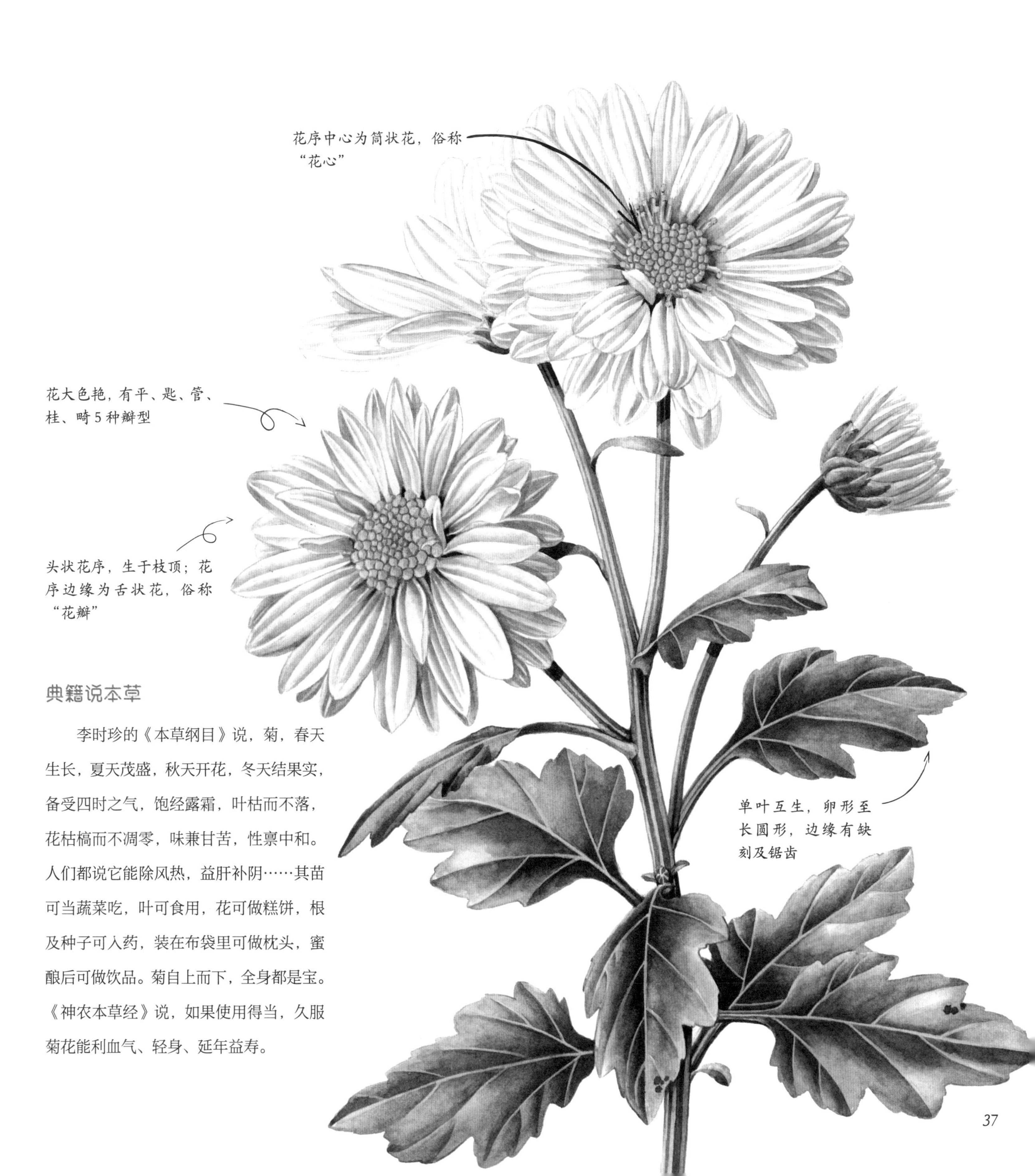

典籍说本草

李时珍的《本草纲目》说，菊，春天生长，夏天茂盛，秋天开花，冬天结果实，备受四时之气，饱经露霜，叶枯而不落，花枯槁而不凋零，味兼甘苦，性禀中和。人们都说它能除风热，益肝补阴……其苗可当蔬菜吃，叶可食用，花可做糕饼，根及种子可入药，装在布袋里可做枕头，蜜酿后可做饮品。菊自上而下，全身都是宝。《神农本草经》说，如果使用得当，久服菊花能利血气、轻身、延年益寿。

木芙蓉 · 霜降

芙蓉幽姿独拒霜

生活型：落叶灌木或小乔木。

生　境：山地灌丛。

物候期：花期 8 ~ 10月。

救人英雄的化身

相传在五代十国时期，民间有个名叫胡勇的老汉，喜欢喝酒，常助人为乐，一个秋天的傍晚，他喝醉回村，忽然看见一个小孩子失足落水，就连忙跳入河中救人。孩子被救上来了，可他自己却因年老力衰，酒醉迷糊，溺水而死。不久，在胡勇溺水的河岸上长出一株木芙蓉，开放时花朵像绯红的醉脸，所以后人把它称作“胡勇花”。

当霜降来临，秋季就进入了尾声。据《月令七十二候集解》云：“气肃而凝，露结为霜矣。”在北方，此时，露水凝结成了初霜，故称“霜降”，因此，此时开放的木芙蓉又有“拒霜”或“拒霜花”的别称。

应用价值

李时珍的《本草纲目》说，芙蓉的花、叶，性质平和，不寒不热，味微辛，治疗痈肿效果非常好。“玉露散”就是以木芙蓉叶的粉末为原料制成的传统治痈名药，民间有“家里有株木芙蓉，疮疖痈肿不发愁”的说法。芙蓉花可食用，宋代时用它煮豆腐，红白相衬，恍若雪霁之霞，故名“雪霁羹”。有些地区还有用花炒食或煮稀饭的。其茎皮纤维柔韧耐水，可制笔、绳及纺织品。以芙蓉木刨成薄片泡水洗发，能使头发光润平贴，此法一直沿用至今。

初开时白色或淡红色，后变深红色。花瓣近圆形。花常为重瓣和半重瓣，重瓣的花与牡丹、芍药相像，殊为丰艳

本草文化

据《成都记》载，五代时，后蜀后主孟昶在成都城上遍植芙蓉，每到秋季，四十里如锦绣，高下相照，所以成都被称为“锦城”，又称“蓉城”，成都的简称“蓉”，即由此而来，木芙蓉也成为成都市花。一天之中可变换 3 种颜色，早晨白色、中午桃红色、傍晚深红色的木芙蓉为“三醉芙蓉”，系芙蓉中的佳品。自古文人墨客也十分倾慕木芙蓉的美丽，在“芙蓉如面柳如眉”“露滴胭脂色未浓”这些诗句中，木芙蓉都被比喻成美人。

著名的“薛涛笺”，是唐代一种长宽适度、便于写诗的笺纸，相传为唐代蜀中才女薛涛所发明，其由浣花溪水、木芙蓉皮和芙蓉花汁制作而成，又名“浣花笺”，一时成为文人墨客的案头佳品。制作薛涛笺的纸成为蜀纸的一大产业品种，是中国造纸史上的惊艳之作，由此也提升了成都在造纸史上的地位，推动了中华优秀传统文化的发展。

柿 · 立冬

初冬红柿味甘香

生活型：落叶乔木。

生　境：全国各地多有栽培。

物候期：花期6月，果期9～10月。

神奇的柿树七绝

唐代段成式在《酉阳杂俎》中记载了柿树七绝："一寿，二多荫，三无鸟巢，四无虫蠹，五霜叶可玩，六佳实可啖，七落叶肥大，可以临书。"说的是其生命力顽强，又无鸟筑巢，少虫蛀，百年老树仍果实累累，能遮阴蔽日，经霜后的霜叶艳红可观，果实可供食用，落叶肥大可供书写。

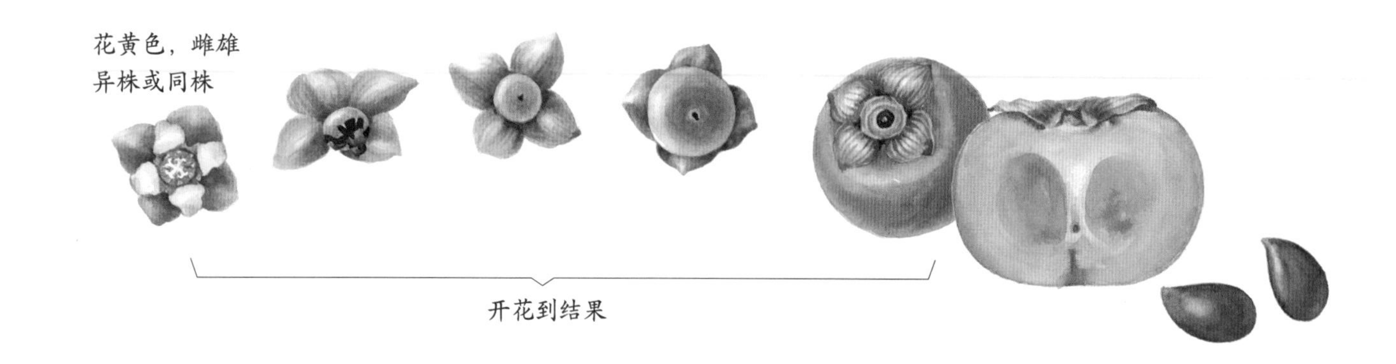

立冬，冬季自此开始，生气收敛，此时植物叶落或停止生长，动物不再活跃，有些开始冬眠，所谓"冬藏"。民间立冬有进补、吃饺子、酿酒等风俗。此时，柿子完全熟透，圆润火红悬垂枝头，像是一只只玲珑喜庆的灯笼，呈现出一派丰收的景象。柿，又名朱果、红柿，原产于我国，栽培历史超过2000年。柿子适应性强，易栽培。在山东菏泽，500年前种植的明代老柿树，至今仍枝叶繁茂，硕果累累。宋代仲殊的《西江月》写道："轻匀绛蜡裹团酥，不比人间甘露。"意思是说，朱红色的柿果，轻裹了一层白霜，味道堪比人间甘露。

柿的果形

本草文化

“柿”与“事”谐音，柿子与万年青、如意组合起来，寓意为万事如意、万事吉祥。“柿”又与“世”谐音，五只柿子，寓意五世同堂。柿也是画家所钟爱的绘画题材，宋末元初禅僧牧溪绘制的《六柿图》，是最早的柿图禅画，现收藏于日本龙光寺，被奉为日本国宝。

应用价值

柿是美味的水果。除鲜食外，柿果可加工成柿饼、柿干、柿糕、柿面，可榨汁、酿酒、制醋。柿花为优良的蜜源。柿树叶大荫浓，入秋丹叶朱实，明艳耀眼，是很好的观赏树木。其木材质坚硬，俗称“乌木”，可制成优质器具。

柿的果、叶、花、树皮、果蒂等均可入药。在这个“收藏”的季节，“性涩而能收”的柿果具有很好的润肺效果，可治疗热渴、咳嗽、口疮、咽喉干痛。柿蒂是一味常用中药，可降气和胃，常用来治疗胃脘部疾病。

南天竹 · 小雪

天竹红果带雪来

生活型：常绿小灌木。

生　境：湿润的沟谷旁、疏林下或灌丛中。

物候期：花期 5 ~ 7 月，果期 10 月至翌年 1 月。

岁朝清供与君子品格

南天竹果实圆润红艳，寓意吉祥，与蜡梅、水仙一样，都是著名的“岁朝清供”。中国古代，历来以正月初一为“岁朝”，这天，以鲜花、蔬果、文玩供于案前，以求新年好运、春意盎然、家族兴旺，被称为“岁朝清供”。清代城郊的花农会在春节前采摘带果的南天竹进城叫卖。春节期间，民间又常将南天竹与蜡梅、松枝共插于一瓶，花果并茂，相映生辉，“松竹梅”的巧妙搭配，生机盎然、雅韵欲流。

南天竹似竹而非竹，被赋予了竹子的君子品格，清代蒋英的《南歌子·南天竹》中写道“清品梅为侣，芳名竹并称”，中国现代著名作家、盆景艺术家周瘦鹃将南天竹与蜡梅并称“岁寒二友”，晚清著名画家、书法家吴昌硕的《天竹图》题诗中赞美南天竹“岁寒不改色，可以比君子”。

花序圆锥状，生于枝顶。花小，五瓣，白色

果色黄绿的玉果南天竹（栽培品种）

果紫色的五彩南天竹（栽培品种）

小雪是冬季的第二个节气，小雪之后温度降低，北方下雪，不再下雨，因此也见不到晚虹。大部分的蔬果已完全成熟收获，如山东民谚：“小雪收葱，不收就空；萝卜白菜，收藏窖中。”在大自然一派萧瑟枯寂之时，南天竹的红果却是到了最美的时候，分外耀眼。它有不畏严霜的品格，刚毅清雅，又有花的圣洁，值得好好玩味。

应用价值

在江南一带，南天竹常种植于古典园林的假山、花台、庭前和角隅，还可插瓶装饰，是重要的观赏植物。

南天竹的根、茎、叶、果皆可入药。清代《本草纲目拾遗》说它可明目乌须，解肌热，清肝火，活血散瘀。

小贴士

南天竹全株皆有一定毒性，不可盲目食用。南天竹的红果子在这个季节是最漂亮的，鸟儿喜啄，但鸟儿能吃不代表我们也能生吃哦，只有经过炮制加工的南天竹果子，才能当作中药使用。

枇杷·大雪

琵琶与枇杷还真有点关系呢

雪中枇杷树树香

生活型： 常绿小乔木。

生　境： 全国多地有栽培。

物候期： 花期10～12月，果期5～6月。

有一次，明朝文人沈石田收到友人送来的一盒礼物，并附有一封信。信中说："敬奉琵琶，望祈笑纳。"他打开盒子一看，却是一盒新鲜枇杷，原来是友人误将"枇杷"写作"琵琶"。沈石田不禁失笑，回信给友人说："承惠琵琶，开奁（lián）视之，听之无声，食之有味……"友人见信，十分羞愧，便作了一首打油诗自讽："枇杷不是此琵琶，只怨当年识字差。若是琵琶能结果，满城箫管尽开花。"枇杷、琵琶同音不同义，沈石田的友人笔误，闹了笑话。其实，琵琶曾被称为"枇杷"，《说文解字》说："琵琶本作枇杷。"由于时代的变迁，文字的发展，造出了"琵""琶"二字，专指我们所熟知的弹拨乐器。

诗话本草

田舍

唐·杜甫

田舍清江曲，柴门古道旁。
草深迷市井，地僻懒衣裳。
榉柳枝枝弱，枇杷树树香。
鸬鹚西日照，晒翅满鱼梁。

圆锥花序顶生，具多花；花瓣白色，微香。枇杷冒雪开花，诗云："珍树寒始花。"

红沙，皮肉均黄中带红

白沙，果肉呈鹅黄色，味甘甜

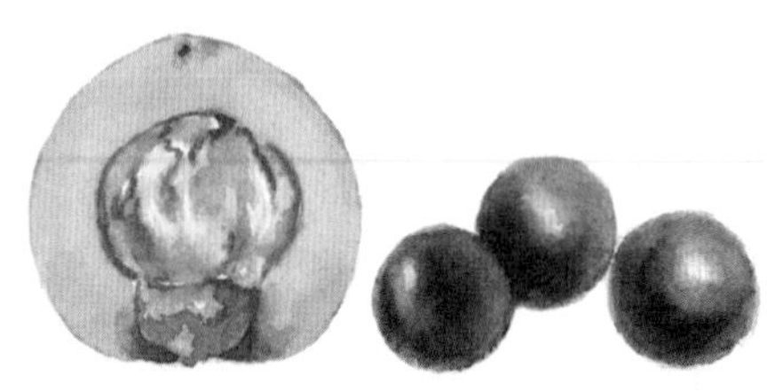

因皮色金黄，文人们常把枇杷比作金丸。初夏枇杷成熟时则是一番"树繁碧玉叶，柯叠黄金丸"的喜人景象

应用价值

枇杷是美味水果，与樱桃、梅子并称为“果中三友”。果肉多汁甘甜，既可生食，又可制成罐头、果汁、果膏和果酱等，还是潮州菜中常用的烹饪原料。枇杷的叶、花、果皆可入药。枇杷叶可润肺止咳、化痰和胃、清热解暑，果可润肺解渴、止咳下气、生津、健胃、解暑，花与蜂蜜同蒸，可润喉止咳，治伤风感冒。

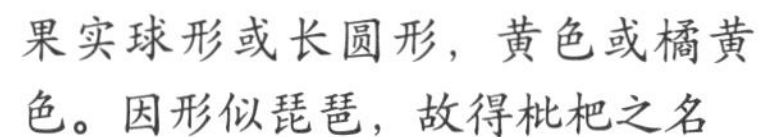

果实球形或长圆形，黄色或橘黄色。因形似琵琶，故得枇杷之名

叶片革质，披针形、倒披针形、倒卵形或椭圆状长圆形

大雪时节，北方呈现“千里冰封，万里雪飘”的美丽冬景，然而，在珠江三角洲一带的南方依然草木葱茏，虽偶有霜冻，却极少见下雪。白色的枇杷花，在南方弥补了南方匮缺的雪色，在北方则冒雪开放与雪色争辉。元代诗人王逢诗云：“枇杷换叶何青青，雪中开花来远馨。”

《二如亭群芳谱》曰：“枇杷秋萌，冬花，春实，夏熟，备四时之气，他物无与类者。”其又有“南国嘉木”之美誉。

枇杷品种多达 300 余种，是原产于我国的古老果木，早在周朝时已有栽培，在唐代，枇杷被列为贡品，产地逐渐扩展到大江南北，白居易曾以“淮山侧畔楚江阴，五月枇杷正满林”来形容当时枇杷栽培的盛况。浙江余杭塘栖、江苏吴中洞庭山和福建莆田常太为中国三大枇杷产地。

一起动手做做清热润喉的枇杷膏吧！

准备一些新鲜的枇杷，清洗干净，把皮去掉，再把里面的果核去除，放进锅中，加入适量的冰糖，用中火慢慢熬煮，一边熬一边搅，等到冰糖溶化后枇杷也慢慢地开始有汁渗出，再用小火继续慢慢熬制，并用勺子不断翻拌搅匀，避免粘锅，等到把锅里面的水分全部都熬干，颜色变得剔透时关火放凉，枇杷膏就做好了。

蜡梅·冬至

寒冬蜡梅散幽芳

生活型：落叶大灌木。

生　境：山地林，全国多地有栽培。

物候期：花期 11 月下旬至翌年 3 月，盛花期 1 ~ 2 月，果期 4 ~ 11 月。

蜡梅有这么多的品种

蜡梅原产于我国，17 世纪传入日本、朝鲜，18 世纪后期传入欧洲，在我国至少已有 1000 余年的栽培历史。蜡梅栽培品种较多，据赵天榜《中国蜡梅》一书载，蜡梅有 4 个品种群、12 个品种型，共 165 个品种，常见的有磬口蜡梅、素心蜡梅、红心蜡梅等。河南鄢陵历来是著名的蜡梅产区，其蜡梅种植始于宋代。鄢陵的素心蜡梅花开时不全张开且张口向下，似“金钟吊挂”，故又名“金钟梅”，品种名贵，曾出现过“一株至白金一镊者”（一株蜡梅价值 6 两银子）的现象，有“鄢陵蜡梅天下冠”之誉。

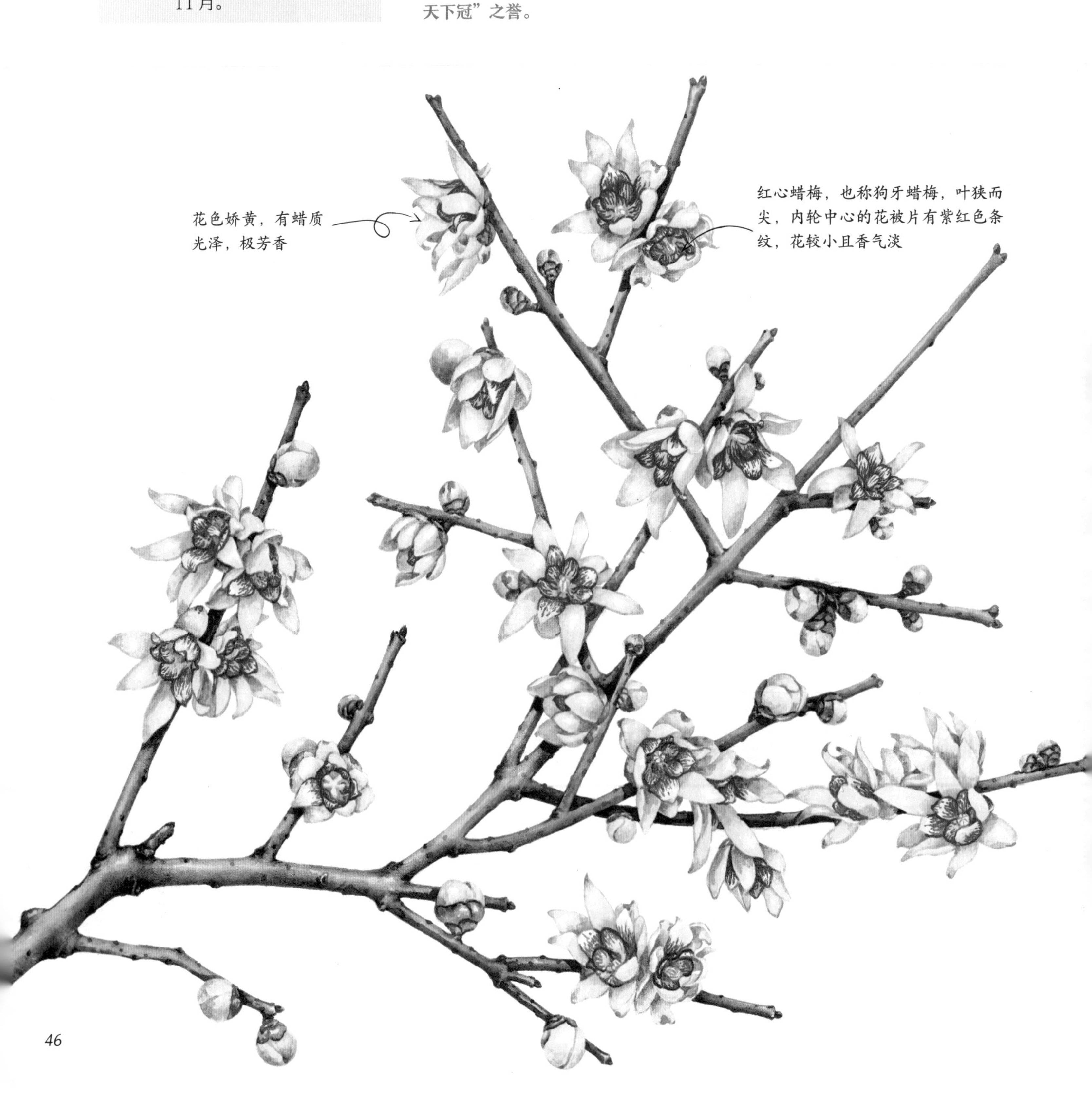

冬至这天是北半球白昼最短、黑夜最长的一天，阴气盛极而转衰，阳气开始萌芽，冬至过后白天就会一天天变长，开始进入所谓的“数九寒冬”了。古人认为冬至是个吉日，民间历来有“冬至大如年”的说法。寒冬腊月，早已叶落花凋，萧瑟寂寥，然而，此时绽放的蜡梅为冬至增添了温暖的亮色与馨香。

蜡梅枝

蜡梅果实

蜡梅种子

磬口蜡梅，花、叶均较大，外轮花被淡黄色，开时半含，极耐开，芳香浓郁

素心蜡梅，花较大，内、外轮花被纯黄色，色娇香浓

梅花

关于“蜡梅”的名称

北宋诗人黄庭坚在《山谷诗序》中记载“类女工燃蜡所成，京洛人因谓蜡梅”，说的是它的花被上有着蜡的质感，如同蜜蜡般，所以叫“蜡梅”。李时珍的《本草纲目》说，此物本非梅，因其与梅同时开放，香又接近，色似蜜蜡而得名。蜡梅也称“腊梅”，清初《花镜》中也有这样的记载：“蜡梅俗称腊梅，一名黄梅，本非梅类，因与梅同放，其香又近似，色似蜜蜡，且腊月开放，故有是名。”

应用价值

蜡梅除具有观赏价值外，还可入药，李时珍在《本草纲目》中说，蜡梅的花可解暑生津。而蜡梅入饭食也别有风味，如蜡梅豆腐汤，观而悦目，食则可口，还能御寒，堪称寒冬妙品。蜡梅汤香甜宜人，还能健脾和胃。

小贴士

蜡梅非梅，小朋友们知道蜡梅与梅花的区别吗？

①花色：蜡梅花以蜡黄色为主，梅花则有白色、粉色、深红色、紫红色等。

②树型：蜡梅为灌木，5米以下；梅则为小乔木，有主干，可高达10米。

③叶片：蜡梅叶对生，近革质，长椭圆形，上表面粗糙，背面光滑呈灰色；梅叶互生，叶广卵形至卵形。

④果实：蜡梅是蒴果，外形像个小坛子，无果肉，无法食用；梅是核果，可以结出能食用的梅子。

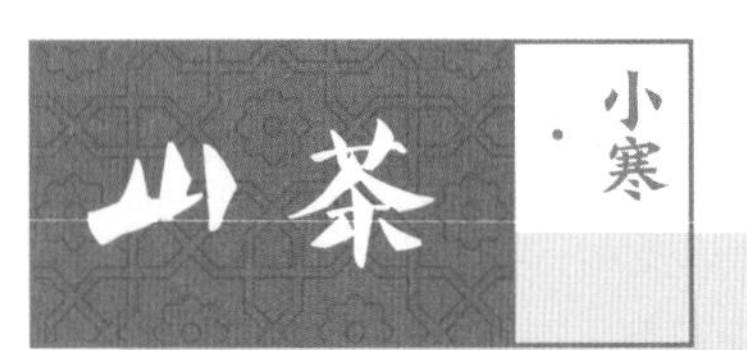

花之寿者偏耐久

生活型：常绿阔叶灌木或小乔木。

生　境：全国各地广泛栽培。

物候期：花期1～4月，果期8～9月。

《聊斋志异》中的山茶花仙“绛雪”

蒲松龄《聊斋志异》中的《香玉》篇讲述了山茶花仙“绛雪”的动人故事，其中涉及的山茶树原型是明初著名道士张三丰于山东崂山太清宫手植的一株山茶，树龄约600年。相传《香玉》是蒲松龄在崂山居住时受此山茶树启发而写下的。

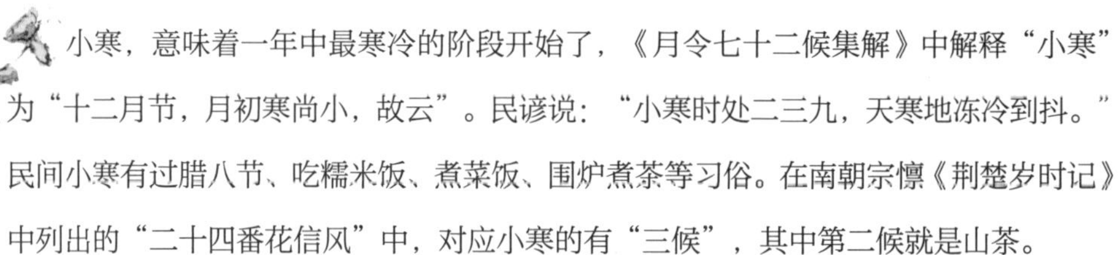

小寒，意味着一年中最寒冷的阶段开始了，《月令七十二候集解》中解释“小寒”为“十二月节，月初寒尚小，故云”。民谚说：“小寒时处二三九，天寒地冻冷到抖。”民间小寒有过腊八节、吃糯米饭、煮菜饭、围炉煮茶等习俗。在南朝宗懔《荆楚岁时记》中列出的“二十四番花信风”中，对应小寒的有“三候”，其中第二候就是山茶。

山茶是原产于我国的传统花木，宫廷和庭园栽培历史已有1800年以上。18世纪、19世纪，茶花多次传入欧美，并逐渐成为世界名花。

本草文化

据《本草纲目》记载，山茶叶与茶叶相似，又可当茶饮，故名“山茶”，又称“玉茗”。因其开在冬日，故又名“耐冬”，还有“海石榴”“曼阳罗树”等别名。

山茶十分长寿，又被誉为“花之寿者”。在江苏姜堰市溱潼镇山茶院内有溱潼八景之一的“花影清皋”，此景点的“主角”是一株树龄约800年的古山茶。它树高10.5米，开花最多时达3万朵，被认定为人工栽培时间最长的山茶树，人称“茶花王”，已入选“吉尼斯世界纪录”。这株古山茶和它旁边的古井还有一段凄美的爱情故事呢！

山茶品种繁多

山茶既可泛指山茶科山茶属植物，也可特指山茶（*Camellia japonica*）这个种。我国现有山茶品种500多种，全球则超过2万种。我国的山茶以云南最盛，云南山茶又名“南山茶”“滇山茶”。

应用价值

山茶除具有很高的观赏价值外，山茶的花还可制成茶花饼、茶花粥、茶花羹等美食，酿制茶花酒。茶子油，营养丰富，色清味纯，为天然植物油之冠，有多种保健和美容功效。

山茶的根、花皆可药用。花可凉血、止血、散瘀、消肿，《本草纲目》则记载，如果被汤火灼伤，可用山茶的花研末，加麻油调涂。茶油还被用来调制各种中药药膏、药丸。

叶片椭圆形、长椭圆形、卵形至倒卵形，深绿色，多数有光泽

花大，多为红色或淡红色，亦有白色，多为重瓣。红白同株称“二乔”，而一株有花数色、花瓣排列有序、花型精致的“十八学士”是山茶中的极品

梅 · 大寒

梅花独先天下春

生活型：落叶小乔木。

生　境：全国各地均有栽培。

物候期：花期2～3月，果期5～6月。

“梅妻鹤子”的传说

除了大家熟知的“望梅止渴”，还流传着不少与梅有关的故事。宋代林逋（林和靖）隐居西湖孤山，植梅养鹤，终生不娶，以梅为妻，以鹤为子，人称“梅妻鹤子”。他的“疏影横斜水清浅，暗香浮动月黄昏”（梅树稀疏的影儿横斜在清浅的水中，清幽的芬芳浮动在黄昏的月光之下）的诗句更成为咏梅之千古绝唱。

大寒是二十四节气中的最后一个节气，“大寒”是天气寒冷到极致的意思。民谚说：“小寒大寒，冻成一团。”此时也是我国大部分地区一年中最冷的时候，人们常在这时进补、喝腊八粥、吃糯米饭，还要忙着除旧布新，准备年货。“梅花香自苦寒来”，尽管地冻天寒，在南方一些地方却已可以探梅。“墙角数枝梅，凌寒独自开。遥知不是雪，为有暗香来。”踏雪寻梅，历来是赏心乐事。

梅为我国传统名花，其应用可追溯到3000多年前。河南安阳殷墟出土的商代铜鼎中就发现了炭化的梅核，说明梅在商代早已用作食品。国人对梅花的欣赏始于汉初，到唐宋时期，植梅、赏梅、咏梅达到鼎盛阶段。

重瓣红梅

核果黄色或绿黄色，因为果实成熟时期恰逢江南雨季，所以这时期又被称为“梅雨季节”

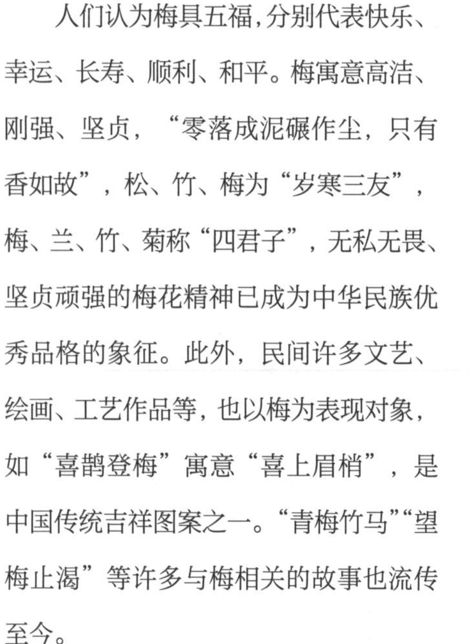

本草文化

人们认为梅具五福，分别代表快乐、幸运、长寿、顺利、和平。梅寓意高洁、刚强、坚贞，“零落成泥碾作尘，只有香如故”，松、竹、梅为“岁寒三友”，梅、兰、竹、菊称“四君子”，无私无畏、坚贞顽强的梅花精神已成为中华民族优秀品格的象征。此外，民间许多文艺、绘画、工艺作品等，也以梅为表现对象，如“喜鹊登梅”寓意“喜上眉梢”，是中国传统吉祥图案之一。“青梅竹马”“望梅止渴”等许多与梅相关的故事也流传至今。

花有淡粉色、白色等

叶广卵形至卵形，在花落之后很快抽出

诗话本草

冬末春初，梅花凌寒绽放，芬芳四溢，在百花之中最早传递春的讯息，常被民间作为传春报喜的吉祥象征，所谓“万花敢向雪中出，一树独先天下春”“水陆草木之花，香而可爱者甚众，梅独先天下而春，故首及之”。

应用价值

梅姿、色、香、韵俱佳，是园林中重要的观赏植物，也是盆栽、盆景和切花良材。

未成熟的梅子加工炮制成乌梅，味酸性平，最常入药，用于久咳、久泻、蛔虫病等，还可以开胃消食，古代《千金要方》中的消食丸就用了乌梅。福建上杭、永泰等地产的乌梅工艺独特、久负盛名。

梅的果实可制成各种蜜饯，如青梅、话梅、梅干等。酸梅膏、酸梅汤既可解渴生津，又可防治肠道传染病。果梅还是很好的调味品，可添食物鲜味。花还可制成梅花酒、梅花粥、梅花汤饼等。

常见植物形态术语图解

叶序种类

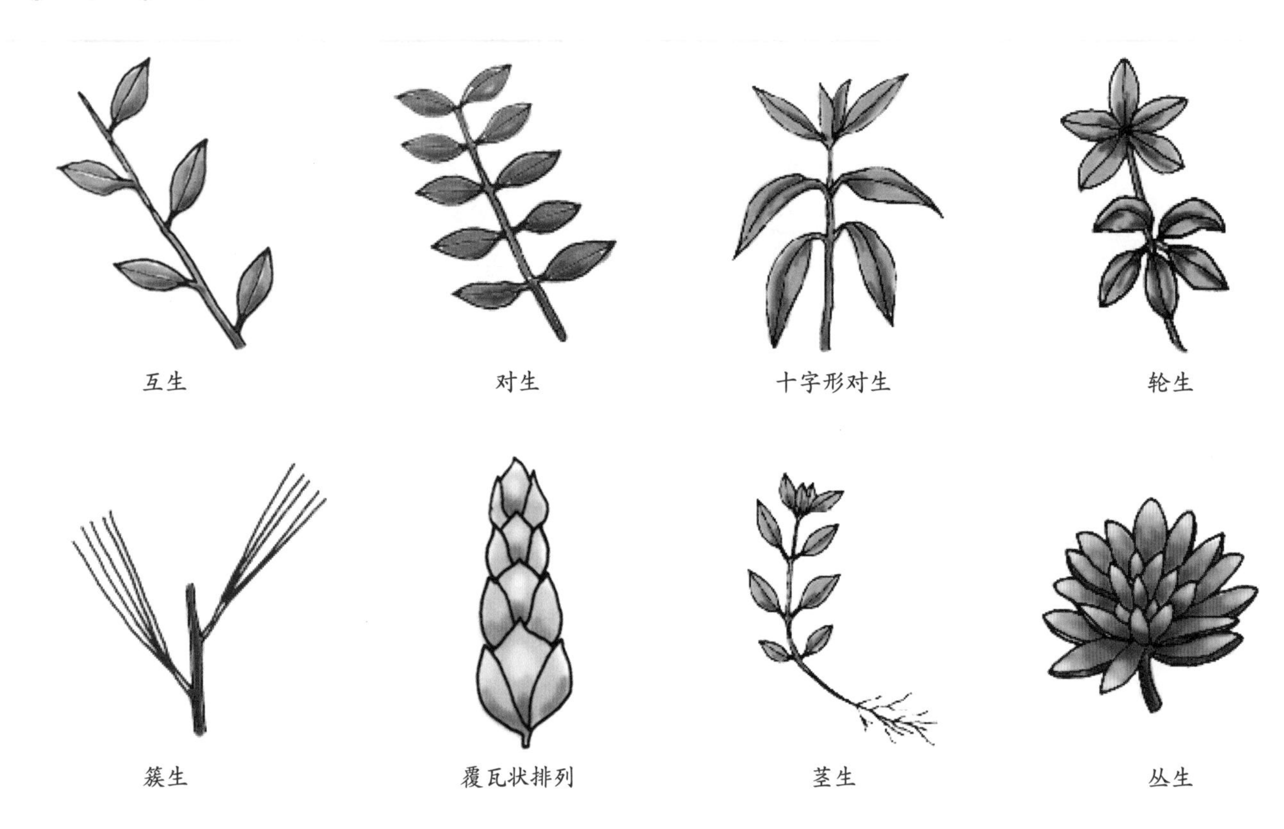

互生　对生　十字形对生　轮生

簇生　覆瓦状排列　茎生　丛生

叶缘种类

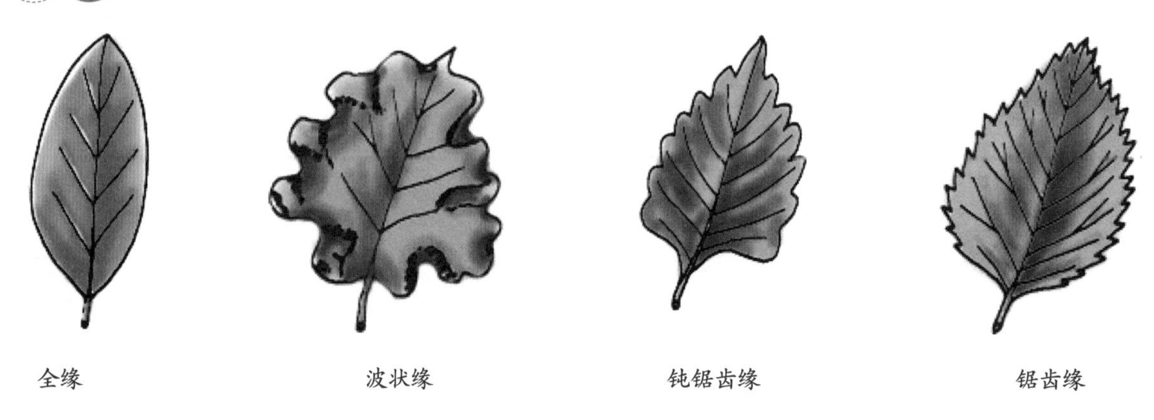

全缘　波状缘　钝锯齿缘　锯齿缘

细锯齿缘
重锯齿缘
锐浅裂缘
细裂缘
浅裂缘
羽状裂缘
掌状裂缘

花序种类

伞房花序
多歧聚伞花序
卷伞花序
（镰刀形花序）
头状花序
伞形花序
密伞花序

单顶花序
穗状花序
总状花序
圆锥状花序
二歧聚伞花序
总状复聚伞花序
柔荑花序
肉穗花序

花形种类

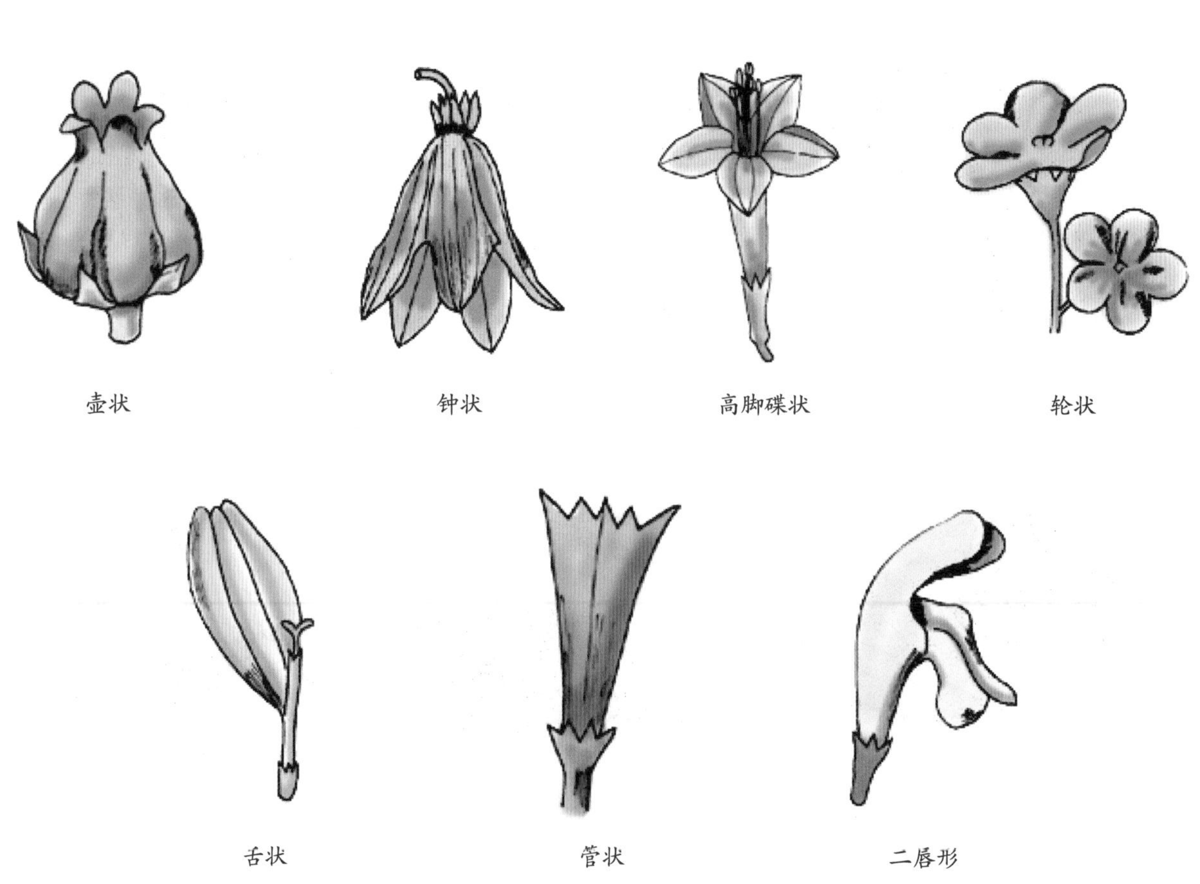
壶状
钟状
高脚碟状
轮状
舌状
管状
二唇形

果实种类

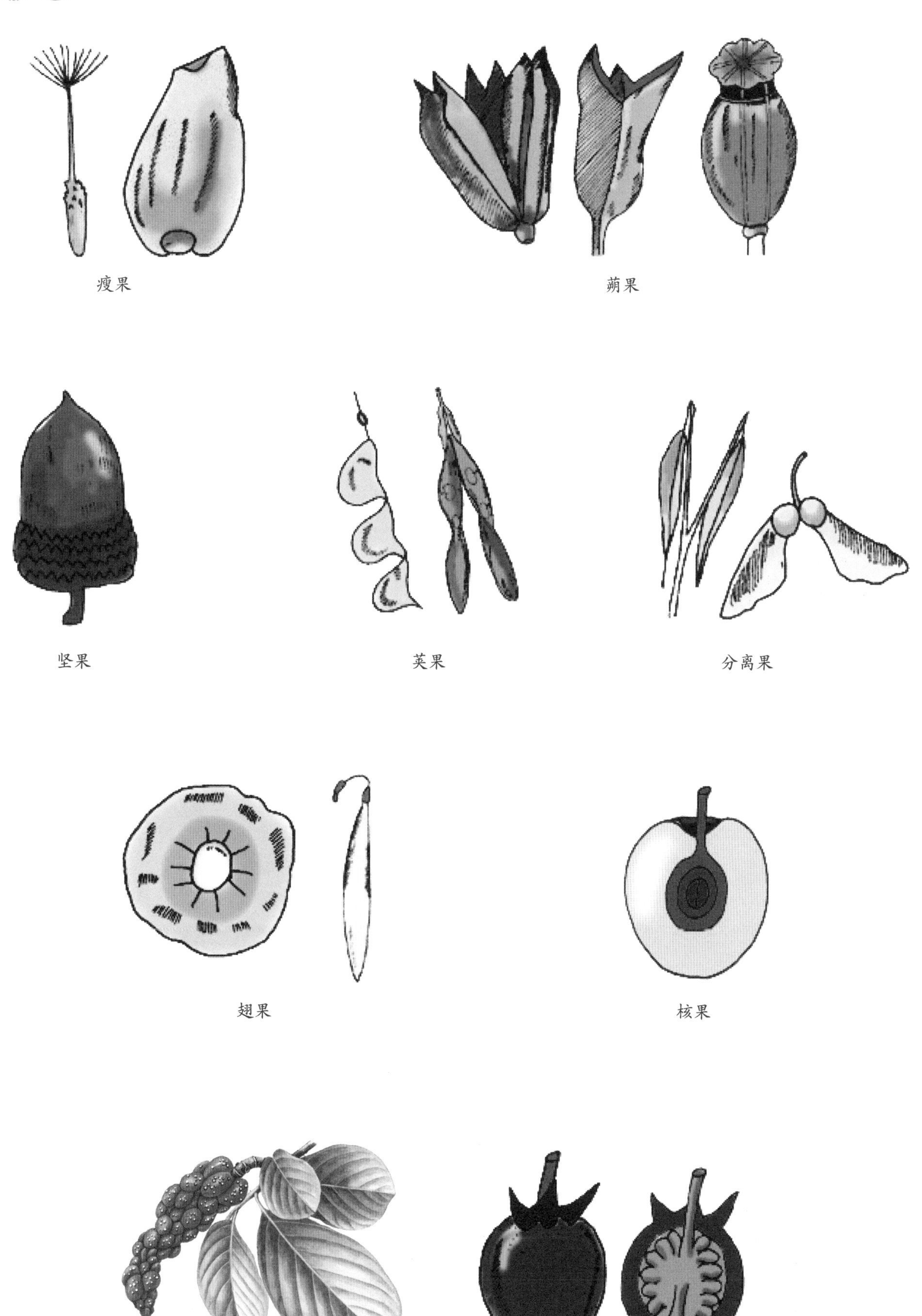

瘦果

蒴果

坚果

荚果

分离果

翅果

核果

蓇葖果

浆果

种子的旅行

植物在保证其种族延续方面，除自身的生存和繁殖能力外，还需借助风、水、动物和人的力量来“搬运”种子，以延续后代。这在生存竞争及物种的发展中都有着重大的意义。有不少植物传播果实和种子的方式非常巧妙，这是植物在长期的生存竞争进化过程中逐渐形成的。

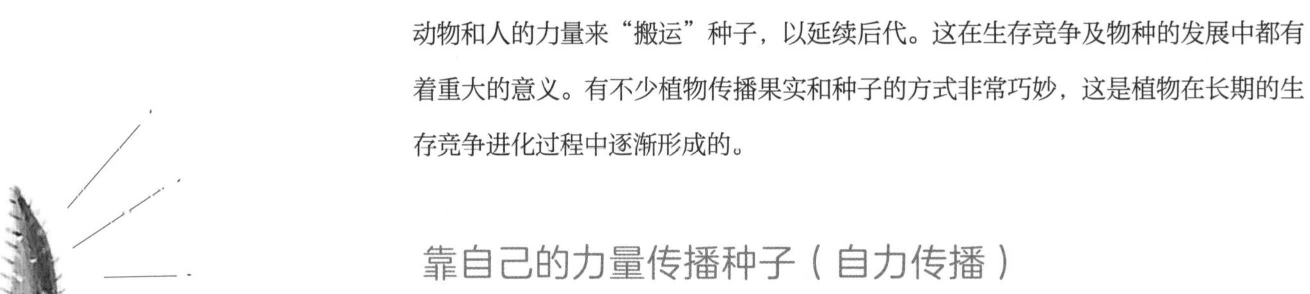

靠自己的力量传播种子（自力传播）

利用干燥后纤维收缩的力量或细胞吸水后膨胀产生的压力来传播种子的方法称自力传播，这种力量或压力能使种子在充分成熟时发生爆裂并将种子弹射出去。通常可裂干果都不同程度地具有自力传播能力。

酢浆草的果实轻轻一碰，就会向四方弹射种子

豌豆的荚果干裂后可弹出种子

利用水传播种子（水力传播）

水中、河岸、海滨生长的植物，其果实或种子结构疏松，能漂浮于水面并借助水的流动传播种子。植物的种子还能靠雨滴传播，雨滴的冲击对小个子种子来说犹如“炸弹”。

椰子中果皮的疏松结构使其能漂浮于海面并借洋流传播种子

莲子

莲子心

莲蓬的疏松结构使其能浮水并借水流传播种子

莲藕

利用风传播种子（风力传播）

风力传播指植物依靠植物果实或种子的特殊构造，如羽状毛、翅、气囊等做成“降落伞”或“翅膀”，借助风的力量传播种子。

大家熟悉的蒲公英、白头翁、柳树、风信子、松树、杨树等植物的果实或种子具冠毛，或种子细小质轻，可顺风“飞”向远方。

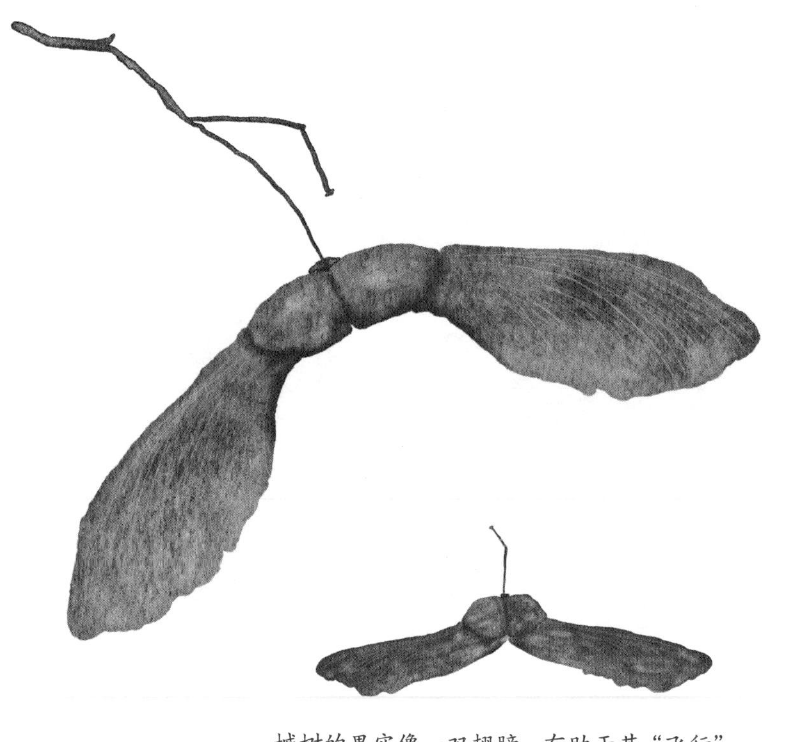

槭树的果实像一双翅膀，有助于其“飞行”

蒲公英具冠毛的瘦果可随风飘向远方

木槿的种子长着很直的毛，可以乘风而飞

利用人或动物传播种子

植物也常利用人或动物的采食或野外活动来传播种子。主要的方式有两类：一是靠色香味美吸引人和动物采食或搬运；二是靠钩挂或黏附于衣服或动物皮毛上，搭上“便车”移动。

植物常依靠气香味美或果实艳丽的颜色来吸引人或动物来采食，而包在果实里的种子坚硬，常被随处丢弃而实现传播。细小的种子被吞食后，多数种子的外皮可抵抗胃里的消化酶而不被消化，便随着人或动物的粪便排泄而传播。

假种皮是某些种子表面覆盖的一层特殊结构，常由珠柄、珠托或胎座发育而成，多为肉质，色彩鲜艳，能吸引动物取食，以便于传播种子。常见的具假种皮的植物有肉豆蔻、芡实、龙眼、荔枝、石榴等。

候鸟往往是义务传播种子的大军，每年数以万计的候鸟从南到北、从北到南大规模地迁徙，它们往往无意中携带了种子，这些种子到了新的环境，只要条件适合，便可萌发、生长、发育、繁殖起来。

桃

它们的果实，或果色艳丽，或果肉甜美，但果核或种子坚硬，被食后易被丢弃，从而传播了种子

石榴

荔枝

三叶鬼针草的果实先端具锐利的芒刺，可钩挂或黏附于衣物或动物皮毛上

牛蒡的总苞具倒钩刺，可钩挂或黏附于衣物或动物皮毛上

土牛膝的果实先端具锐利的倒刺，可钩挂或黏附于衣物或动物皮毛上

苍耳的果实具刺，可钩挂或黏附于衣物或动物皮毛上